万川
reflections

一步万里阔

AI之镜

The AI Mirror

How to Reclaim Our Humanity in an Age of Machine Thinking

如何在机器思维时代重拾人性

[美] 香农 · 瓦洛尔 Shannon Vallor 著

邓明艳 译

中国工人出版社

图书在版编目（CIP）数据

AI之镜：如何在机器思维时代重拾人性 / (美) 香农 · 瓦洛尔著；邓明艳译. -- 北京：中国工人出版社，2025. 7. -- ISBN 978-7-5008-8657-0

Ⅰ. TP18；B82-057

中国国家版本馆CIP数据核字第202562UF63号

著作权合同登记号：图字01-2024-3746

AI之镜：如何在机器思维时代重拾人性

出 版 人	董　宽
责任编辑	罗　娜
责任校对	张　彦
责任印制	黄　丽
出版发行	中国工人出版社
地　　址	北京市东城区鼓楼外大街45号　邮编：100120
网　　址	http://www.wp-china.com
电　　话	（010）62005043（总编室） （010）62005039（印制管理中心） （010）62001780（万川文化出版中心）
发行热线	（010）82029051　62383056
经　　销	各地书店
印　　刷	北京盛通印刷股份有限公司
开　　本	880毫米 × 1230毫米　1/32
印　　张	9.5
字　　数	175千字
版　　次	2025年10月第1版　2025年10月第1次印刷
定　　价	68.00元

目 录

前　言

人，肉身之花，凡俗众生中最高贵者，曾以其形造神，曾以天象彰显力量。这美丽的赤子正在死去，缠扼在由他织就的衣裳里。

——E. M. 福斯特，《机器休止》(1909)

这本书和我的所有其他作品一样，讨论我们的人性与我们的技术。它思考两者如何织就彼此，而我们又如何发现自己与这两者如此地疏离。它探讨了如何鼓起勇气去修复和疗愈很久以前由哲学家徒劳地试图将这两者分开造成的自酿的伤口。

一个人无法治愈他所不知的东西。治愈总是，也将总是一场斗争，要知道我们是什么，我们是谁。我们一次次地问这个问题，生而为人意味着什么？但我们从未听到过确切的回答。那是因为生而为人，你就不得不一次又一次地回答它，在你做出或未做出的一个个选择面前。未来会有更多的选择。人无休止地重塑自己：我们永远拥有无限可能，永远处于未完成的状态，也正因如此，我们对自身和彼此保持不确定。

人工智能（artificial intelligence，简称 AI）并非第一项让我们的未来陷入危机的技术，此第一项当属核武器。但 AI，或者说作为本书主题的那种特定形式的 AI，的确是第一种能完全阻止我们知悉如何创造未来，由此将我们置于危险之中的技术。AI 是第一种能让我们遗忘的技术，忘记该如何回答关乎我们自己的那些问题。这本书关注的是，在 AI 之镜中如何防止迷失自我和我们的未来。它关注如何记住我们自己，记住我们为彼此构筑一个世界的能力和责任。

本书在一个突出之点上很不入时。它毫无歉意地呼吁"我们""每个人""全人类"。但这到底是谁呢？任何时候，当哲学家使用"我们"或"人类"这样的字眼时，往好了说，就是懒惰；往坏了说，这叫智识帝国主义（intellectual imperialism）。从政治上和道德上，从未有过一个"我们"。历史上仅曾出现过极少数人，有那样的力量和狂妄，可以不经问询而为所有人代言。

但我悦纳这个术语在书中的出现，也悦纳必将随之而来的激烈但公正的批评。因为即使没有真实的"我们"，在地球日益走向衰败的形势下，我们也面临着一个共同的人类危机。我们缠扼在自己织就的衣裳里，如同许多对他们织造的东西没有发言权的人一样。我们的危机要求对这一形势的一种共同理解，并拥有与其纾解的意愿。如果我们要让这颗星球在数代子孙之后仍然能够居住，那么仅仅停留在口头上的“我们”就必须被锻造成一个真实的存在，它至少要具备唤起人类意愿的些许能力。为了建构这一共同的意愿，我们需要很多或新或旧的工具，人文的或科技的，AI 技术也在其中。但要使之成为可能，我们须先从 AI 之镜中夺回我们是谁，我们还能成为什么的认识。

导　论

我会成为你的镜子，

映照出你的模样，免得你不知道。

——地下丝绒乐队，《我将是你的镜子》（1967）

2022年6月11日，一个名叫布雷克·勒穆瓦纳（Blake Lemoine）的谷歌工程师成为全球头条。他宣称LaMDA——一个他为其雇主测试的人工智能产品是有感情的。换句话说，它是一个有意识、能自知的存在，而非一件公司财产。随之而来的媒体骚动强烈却短暂，多亏AI研究员们声调一致地迅速否认了勒穆瓦纳的断言。那些对勒穆瓦纳测试的产品类型——大型语言模型（LLM）——有深入了解的专家信心十足地安抚公众，LaMDA实际上并不比你的烤面包机更有意识。此后在AI行业内部的争论不是关于勒穆瓦纳是否错了，而是他错得有多离谱。他只是对一个充其量具有感知能力的AI前身系统过早地下了结论，还是犯了一个更严重的错误？他是在幻想一个遥不可及的东西吗？

一个月后，谷歌开除了勒穆瓦纳，因为他违反公司条例，泄露了公司机密。AI研究领域并没有发出明显的抗议。勒穆瓦纳在绝大多数用户中享有很高的声望，被同人喜爱，但他的批评者们并没有错，至少表面上如此。LaMDA简简单单就是一个产品，而不是一个人。AI研究领域不是一个权力庞大的巨型机构。众所周知，它被内部的各种观点撕扯：AI是什么？如何建造AI？它能做什么？各方争论不休。因此，AI专家在勒穆瓦纳错了这点上罕见地达成一致，就成了媒体闭嘴的好理由。然而，如果勒穆瓦纳的论断确有科学可能性，这一切意味着什么，则是相当惊人的。

这个故事里最令人玩味的是，布雷克·勒穆瓦纳并不是一个愣头愣脑的新手。他是一个经验丰富的工程师，对所需技术的掌握远超这颗星球上99.9%的人。他怎么会错成这样呢？要搞清楚勒穆瓦纳的错误，先明白这点会有所帮助，那就是当今最高级的AI系统是本着人类智能搭建的大型镜面。它们不为它们自己思考；相反，它们复杂地映射我们记录下的思想、判断、欲念、需求、感知、期待和想象。

AI系统把我们自己的智能映照给我们。[1] 这是它们不断增长的商业和科学力量之源。无数的著作、TED 风格的演讲、夸大其词的媒体报道已经发出警告，这些系统具有转变甚至摧毁我们的经济和社会秩序的潜能。这本书则探讨 AI 之镜的另一种力量，一种更难被察觉却更为危险的力量。那就是 AI 诱使我们陷入某种自我遗忘的能力——一种选择性遗忘，它削弱了我们对人类自身行动力的掌控，遮蔽了我们的自我认知。它是一种错觉，这种错觉能够使我们中间最厉害的技术能手沦陷，就像勒穆瓦纳所遭遇的一样——他发现自己在和自己的倒影说话。

本书稍后将追溯这一错觉的力量，探察当今的 AI 技术如何产生这一错觉，它又是如何欺骗了像勒穆瓦纳这样的技术能手。但本书不是讨论勒穆瓦纳的错误。它关心的是我们与机器之间不断演变的、陷入麻烦的关系。这些机器原本是我们作为镜子而建造的，为的是在我们自己不知道的时候，告诉我们——我们是谁。

那些建造今天最强大的 AI 技术的公司愈加用这些技术来代表甚至代劳人类的心声和集体判断。我们被告知 AI 比我们自己还了解自己。法官有预测算法告诉他们放谁出狱是安全的，雇主则有自动化的 HR 软件告诉他们该雇用或提拔谁。AI 工具将告诉你们的政府，你们是不是值得享有公共福利；告诉你们的医院，你们是否值得被治疗。AI 能写大学教授的课程讲义，还有学生基于讲义写出的论文。我们已经有 AI 推荐系统来告知我们读什么新闻，欣赏哪种艺术和娱乐节目，还有生成式 AI 系统把这一切给我们生产出来。一个 AI 的应用软件能为你找到一位浪漫的伴侣，或者为你量身定制一位。

今天的 AI 之镜告诉我们生而为人是什么，我们自己在意什么，我们所找寻的善或美是什么，以及什么值得我们关注。正是这些机器，如今在向我们讲述我们自己过去的故事，规划我们集体的未来。它们能这样做，即使没有在过去生活过哪怕一天，对人类境况没有知悉过哪怕一个瞬间。当一个人、一个智慧物种不再讲述他们自己的故事时，会发生什么呢？当自我认知和自我决定让位于不透明算法的预测能力，我们会失去什么呢？勒穆瓦纳的事情令人震惊，但它并非个例。它是一个征兆。因为我们都处在遗忘人与人造机器之间那巨大鸿沟的临界点上。除非我们采取大胆的措施来改变我们作为人类与我们所创造的工具之间的关系，否则我们都有可能成为勒穆瓦纳，面对 AI 之镜自言自语。

这是一本关于人工智能的书，也就意味着它是一本关于人的书。这样说似乎有点奇怪。等你读完这本书，应该就没那么奇怪了。这本书的目的之一是说明人工智能为什么以及如何与我们的人性不可分离；同样地，我们在那镜中的形象如何与它要映照的躯体不可分离。它的另一个目的是阐明 AI

如何以它占据主导的商业形式危及我们的人性。这听起来也许没那么奇怪。在科幻小说和当代媒体对 AI 的描绘中，这是一个常见的主题。无论是“机器人崛起”和 ChatGPT 这类生成式 AI 工具会威胁到人类未来工作的断言，还是那些更多出于猜测的警告，比如说超级机器智能有可能奴役或毁灭我们，现如今，我们对这类 AI 对人的潜在威胁的声音已经习以为常了。

我们需要从一个完全不同的角度来理解这一威胁。AI 并非作为人类未来的继承人而危及人类。它不是逐渐蚕食我们领地的外部敌人。它是从我们人性的内部危及我们的。就像恐怖电影里一个用烂了的桥段：“这声音是从房子里面传来的。”角度的转换将深刻地改变我们将如何回应 AI 的威胁的方式。这威胁不是架在我们外面的一台机器。我们若不与我们自己抗争，就无法与 AI 作战。从我们与“智能”机器的关系而生出的对人、对社会的伤害不是异族入侵，而是内部失序的症候：一种彻头彻尾属于人的病理学，要求集体自我检视、批评，最重要的是治愈。

本书讲述人的故事，人类渐次迷失在自己的倒影中，被我们自己制造的机械之镜囚禁。这故事与《变形记》第三卷中的“那喀索斯与厄科”相呼应。其中，罗马诗人奥维德（公元前 43—公元 17）讲述了正值佳年的那喀索斯的悲惨命运。他的美貌与自傲在他从湖面瞥见他自己的面容时，化成了致命的囚笼：

> 这里，这个疲于炎热、打猎倦了的男孩，躺了下来，被这池和池中水吸引。在他正欲止渴时，又生出另一种饥渴。在饮水时，他被他倒影的样子攫住了。他爱上了这个无形无体的梦。他以为那是一个真身，但那不过是个影子。
>
> （1.412—418）

那喀索斯整日整夜地躺在地上，忘记了他身体的饥饿和对睡眠的需求，徒劳地向镜中美人索求对他激情的回应：

> 多少次，他徒劳地向骗人的水面送去双唇；多少次，为要搂抱他望见的这脖颈，他把双臂扎进水里。但又怎能在水中抓住他自己！他所见的，他不知；他所见的，却让他热恋。这同一个错误，既诱惑了他的双眼，又欺骗了他的双眼。
>
> （1.425—430）

AI 和与它相关的计算技术正在日益充当我们人类的镜子。它是相当有用且富有启发性的镜子，却也是一面为我们制出如那喀索斯之际遇那般致命危险的镜子。本书的各章将更为详尽地分别论述 AI 为什么以及如何能被理解成一面镜子。目前，足以说明我们在 AI 中看到我们自己的影子，如那喀索斯的那汪池水，它魇住了我们，就像那喀索斯被俘获一样。这里的“俘获”取其字面意思，被固定的、坐困、动弹不得、囚禁。

和那喀索斯一样，我们日渐无视我们具身的、脆弱的人性与境况中最为基本又至关重要的方面，只为在机器之镜中追求完美的幻象。和那喀索斯一样，很多人在 AI 中热切地追求一个“无形的梦”，不过这次是我们完美认知的梦，而非完美容貌的梦。和那喀索斯一样，我们从这倒影中已然错看了一个“他物”的诱惑，我们以为它是不倦的陪伴、完美的梦中情人、理想的朋友、大公无私的法官、永不犯错的合作者，但实际上，它不过是我们自己的喃喃自语。[2]

更为危险的是，我们的 AI 之镜投射出的人类智能模样完全是从人类的过往数据整合建构得出的。这就是为什么我们依赖这些镜像获取自我知识，会让我们面临与被囚禁的那喀索斯同样的危险——不愿抛下镜中所示，转头向前。在这气候加速变化、生物多样性崩塌、全球政治动荡要求我们发明新的、更有智慧的共同生活方式之际，AI 让我们停滞不前，被无尽的排列组合迷惑，而这些排列组合不过是过去的影子，只有营销术才能将其伪装成未来。

像那喀索斯一样，我们的人性为这倒影而身陷囹圄。公司巨头和政治领袖已惯于警告强大的新型 AI 系统带来的存在性风险（existential risk）——AI 系统造成人类毁灭的潜能。随后我们会看到，这些警告严重地误读了 AI 对人的威胁。的确存在坏心肠的、愚蠢的人动用 AI，造成巨大危害的风险。这些危害要靠健全的安全设计和规范行为来阻止，就像我们付诸努力来防止核武器、生化技术可能带来的意外和恐怖活动一样。然而政治和公司围绕 AI 存在性风险最响亮的措辞把这危险错误地表达为来自这些工具本身，来自它们自发的“觉醒”，进而对我们生出邪恶乃至毁灭的意图。这类恐惧没有科学根据。正如我们将看到的，它不过是回荡在现代政治良知深处的镜中之影。

但这并不是说 AI 没有对人类构成存在性风险。对人类而言，存在性风险未必会导致灭绝。有些存在性风险虽能让人类存活下来，却会使其陷入非人道的存在状态。气候变化构成真实的存在性风险，尽管温室气体并不会让全球热到人类生命无法存活或无处繁衍的程度。但不幸的是，未被制止的气候变化，以及随之而来的生物多样性、新鲜水源和农作物的丧失，很可能会将人类生存降为一种无处不在的残酷和非人道的斗争，这还不是一个短时期内的事情。这是存在性风险，而我们必须整合所有的人类力量，包括最好的 AI 工具，阻止这一威胁的来临。但如果我们这个物种最为重要的力量与品格，我们创造性思考的能力、道德的雄心、政治的想象，以及智慧，被溺毙在 AI 之镜中，我们就无法成功。所幸，要拯救这些力量与品格，也在我们的能力范围之内。

危机是对人类行动与责任的召唤。我们是 AI 造成人类自身危机的根源，这其实是件好事——这意味着我们有能力抵抗，有能力疗愈。说到底，奥维德的故事不是在讲水中之镜的邪恶！把那喀索斯推入险境的不是清澈的水面，而是他本身性格的弱点——他的虚荣、自恋和自我的过度沉迷，使得他与他人分离，导致他所处世界的致命缺失。那喀索斯（和将在下一章现身的厄科）的故事讲的是品格，或不如说是恶习。它讲述当我们习惯性地转头不看我们共有的未来，从未来最高尚的可能性和尚未完成的责任中避开目光，我们会失去什么。

在建造 AI 技术时，我们面临一个艰难的选择。我们可以用 AI 来强化人的德性，维持和拓展我们智慧而良善生活的集体能力。选择这条道路，我们还能为人类繁盛抢救出一个共有的未来。或者，我们也能继续沿着当下的道路前行：把人的德性当作对社会有效运转和指引个人生活无关紧要的东西，进而抛弃它，以此来构建和使用 AI。

就像我在第一本书《技术与德性》(*Technology and the Virtues*)里讲的那样，数千年来人类不仅培育出技艺和机械的知识，也培育出了丰厚的道德知识传统——这是关于我们自己的知识，关乎如何增强我们的性格、恢复对重大事件的关注，如何寻求智慧而不只是信息，如何滋养那些让我们与他人团结一致的纽带。我们需要珍惜、恢复和加强这种道德学习，因为AI强烈地诱惑我们忘记它，在它的位置上甘心接受一个苍白静止的倒影，那是我们曾经有过的自我认知的影子。

那喀索斯未能将他自己从那一池水中解救出来，重返他的世界。而我们，仍有机会。本书可能时常描绘出一幅黑暗的景象，但它最终表达的是对人类未来的乐观。我们当下与AI所行的轨道并非不可改变，AI对人类的威胁并非不可避免或自然强加。它不像地震、小行星撞击、超级火山爆发等威胁人类的不可抗力，而完全是自我折磨的创伤。

也就是说，要把我们自己从AI的威胁中拯救出来，不必意指废除AI。实际上，“人工智能”名下是极为广泛和多样的技术，其中有很多对我们今天所面临的最高道德任务是极有益处的，甚至是至关重要的。这一任务就是为了人类的可持续未来和地球的繁盛，重建现有世界。这一目标需要许多新的科学与技术能力——包括新的能源生产、制造、交通、建筑、农业和垃圾处理方式；能够适应这个面临气候压力的星球各种需求的新材料、食物和合成物；能够导向循环经济的新进程，这一经济发展模式增强社会韧性而非追求有害的、纯粹非理性的增长。

AI 能帮助我们更快地实现很多这样的目标。当气候反常持续超出科学家的温和预期，这将成为一个紧迫的需求。没有 AI 和相关计算技术的发展，其中一些目标是无望实现的。当然，这些技术发展需要与它们相应的环境耗费放在一起来权衡。但 AI 不是万灵药，也不是治疗社会和环境疾病的权宜之计。没有政治机构的改革和经济激励，单靠 AI 无法成就一个可持续的未来。更重要的是，今天我们正在开发的 AI 技术正在破坏和延搁这些改革，而不是支持改革。原因恰在于它们反映的是判断和价值的错置模式，而正是这些模式让我们身处险境。

要改变这一状况，需要比越来越多致力于“AI 安全”的计算机科学家寻找的解决方案更为激进。他们寻找的是更切实有益于人类，且能与人类价值观一致的 AI 程序。[3] 但这种策略行不通，至少在我们当前环境下行不通，是因为问题的根源恰在于人类价值。AI 朝着有害的方向发展，并非因为它与我们当下的价值抵牾。相反，它倒是过于完美地表达了那些价值。AI 工具映射了建造它们的富裕的后工业社会的价值。也正是这些价值把我们引至今天科学创造力的高处，引至第六次大规模灭绝和地球毁灭的边缘。AI 是我们自己的镜子，不是我们应是或能是的镜子，而是我们已然是和长久已是的镜子。这也是为什么我们不能让今天的 AI 工具来决定我们将成为谁，不能让它们来筹划我们的未来。但情况越来越像是，我们建造 AI 就是为了做这些的。

AI 之镜被用来告诉我们该学习什么，从事哪种职业能够成功，要走哪条路，能爱谁，排斥或辱骂谁，拘留谁，放走谁，医治谁，给谁提供住所，买什么，做什么样的投资。它们告诉我们读什么，接下来打什么字，听什么音乐，画什么画，寻找何种经历，接受何种风险，采纳何种策略，支持何种政策，怀抱何种未来的愿景。

通过自动化，这些逐渐覆盖人类经验每一片领地的算法预测，正迅速成为自证其实的预言。它们复制从过往人类习惯、偏好和决定的数据中提炼出的模式。而这会把我们所有人，包括未来的数代人，在这个节骨眼上推入生死攸关的险境。我们面临前所未有的、从未遭遇过的星球和文明的危机。你能通过一面指向身后路的镜子，来找到走出危险且陌生的大山的出路吗？

AI 之镜所做的是提取、放大并推动我们记录在案、数据化的过去中占据主导地位的力量和最常记录的模式。在这样做的时候，它们把我们的目光从那些为着孕育未来所必需的更新、更罕见、更智慧、更成熟和更人性的可能性挪开。我们并不询问彼此我们现在将成为什么，而是让 AI 之镜来向我们显示我们已是和早就是什么，又从这镜中预测下一步会怎样。我们像那喀索斯一样被困在原地，被我们最不成熟的光辉形象的倒影俘获。

正像接下来的章节将会揭示的那样，丧失构想更为人性但尚未完成的可能性的自由，在数字计算机很久之前就有其根由。但如今这些根由发展成熟了，它们束缚了我们。我们正受控于对人格日益深重的、越来越迅速的机械化：具有反思性的洞察力被无脑预测系统取代，共享繁荣有效地让位于预期效用，人的创造力和开放式进步换成了内容传送上的本地优化。简言之，人的智慧对机器思考缴械投降。

这些方式都不新鲜。但如果我们不改变道路，今天的 AI 之镜会加速和固化它们。改变建造 AI 的方式是改变道路的一部分，但这还不够。我们今天迅速形成的对 AI 的看法正是我们很久以前对自己所形成的看法。这就意味着我们不能单单靠改变编码的方式来获得避免 AI 潜在危害的长久保护。相信我们目前的险境有一种干净利落的计算解法，这好比气急败坏地擦镜子，妄想清除脸上的污渍一样。

我们需要在文化上更深、更持久地重塑我们与 AI，与更广义的技术之间的关系，把它们重塑为我们自己的创造力。面对加速的气候危机和其他存在性风险，未来无可选择地要求我们理解——前所未有地充分理解——人类能是谁，我们能够一起做什么。然而，因为今天的 AI 之镜是朝后的，我们越多地倚重于它们来获知我们是谁，生而为人的整个潜能就越是从我们的视野中退去。如果我们想要在一颗愈渐脆弱的星球上绘制出一条崭新的、通往共同繁荣的道路，就必须重新想象和重塑我们与这些工具的关系。

西班牙的存在主义哲学家何塞·奥尔特加·伊·加塞特（José Ortega y Gasset）在 1939 年曾就人的存在与技术的关系进行写作。他坚持人的性格中最基本的冲动是成为工程师——终其一生从事自我建造（autofabrication）的人：字面上来说，就是造就我们自身的任务。[4] 这是我们的任务，因为自然不能提供完整的蓝图——我们必须自己来画它。出自我们过剩的认知能量和才能的人类语言和文化，把我们从动物的强制力和欲望中解放出来，但并不让我们与之分离。我们有和牛一样的吃、喝、追求舒适的欲望。但牛没有追问自己的需求，“我想成为哪种牛”，或者“我能成为哪种牛”，或者“我应当成为哪种牛”。吃、喝、找到栖身之地躺倒，这对人类仍然是极为重要的，但就像奥尔特加所言，这并不足够。我们永不停息的心智能量驱迫更多的活动。由于自然未曾写出这些更多活动的脚本，也未曾定下其恰当的目标，我们就必须自己去完成这一任务。在我们每日休憩、吃喝之后，我们必须决定我们还要做些什么，以及还要成为什么。

奥尔特加知道，如此一来，技术就不是什么“他者”之物。人工并不与人相悖。成为一个人造物，恰恰是成为一个人之物——成为人工制品（artifact）、人造的（human-made）和人选的（human-chosen）。技术与一切物质文化一道，在世界之中表达并扩展人类性格的丰富性和多样性，以及我们各种不同的生活方式。它体现了我们的价值、希望和理想。这就是为什么当代的技术学者如此强烈地拒斥“技术中立”的论断。历史学家、社会科学家和技术哲学家难得地共享一个跨学科的共识：技术总是包含着形塑人类设计选择和预设的那些价值。AI 技术也体现了这一点，它比所有其他当代的人造物更多地表明我们把什么当作自己的已是，以及我们在意什么。

本书的任务就是表明 AI 之镜所映照的东西，关于这些镜像，我们应该忧虑什么。理由之一是，设计出带有人类价值的“我们的”AI 技术的“我们”，实际上并不代表整个人类。他们是一个小小的子集，是日趋同质化的科技单一文化的一部分。这些个体通常来自同样的精英大学，在那里学习同样狭窄的计算机课程，又为同样富有的大型科技公司工作。在年龄、性别、社会经济背景、文化价值和生命历程方面，他们只反映了人类经验的一个小小碎片，却越来越多地为我们所有人设计未来的图景。如果奥尔特加是对的，成为人在某种程度上就是完成工程师的任务，那么今天最有权力的工程师仅仅代表我们这个物种中如此稀少的一类人群，又意味着什么呢？

镶嵌在当今 AI 工具中的价值实则是整个人类的雄心或关切中几个贫瘠的镜像。这会危害我们所有人，因为镜像并不只是被动之物。跟所有技术一样，镜像不只映照我们——它们也改变我们。镜子让我们对本会忽略的事物提起注意。它们让我们看到没有它们就很难被看到的事物，也因此为行动打开新的可能。这些由技术开启的新的行动可能性也创造新的道德与政治责任，而我们原本可以没有这些责任。[5] 因此，镜子有重要的用处，我们的 AI 之镜同样如此。我们应该想要这些镜子最大范围地映照出人之需求与潜能。

但镜子并不单单揭示事物的如其所是：镜子也放大、隐藏、扭曲揽入镜框之物。它们总是比它们所映照的现实要狭窄和肤浅。因此，本书远不只是今日 AI 之镜映照出的人之所是的昨日与今日形象。它同样揭示了今天的 AI 之镜没有显现给我们的东西：它们所隐藏、消除之物，消逝在它们明亮表面中的那些自我建造工程的人性的可能性，以及这些可能性如何才能被恢复。

第一章　AI之镜

愚蠢的青年，为何要徒劳地抓住这转瞬即逝的幻影呢?

你追寻的这骗人之物毫无立足之地。

吸引你目光的什么也不是，不过是你自身的映像。

它随你而来，与你一道停留；它没有生命；你若肯离开，它也就走。

——奥维德，《变形记》(公元8世纪)

在商业上能够存活的人工智能的加速扩张正在迅速改变人类活动的几乎所有经济、文化、政治领域，从金融与交通，到医疗与福利。AI工具被用来评估债务风险，识别金融诈骗，诊断癌症，给求职者做评估排序，写文章，做艺术，找编码漏洞，发现新的药物配方，操作无人驾驶汽车与武器，选择配偶——这些只不过是 AI 最为人熟知和热议的一些应用而已。

当它们以范围如此广泛的方式触及我们的生活，AI 技术就对人性提出了一系列看似难以穷尽的问题与挑战：科学与文化，道德与政治，经济与环境，还有神学与存在。把 AI 看作镜子的隐喻可以帮助我们更清晰地提出问题，并指引我们寻找答案。这一隐喻在两个并非同类却有着相似特征的事物之间进行比较，这让我们能够用对一物的理解来理解和阐明另一物。尽管所有隐喻都有局限性，但用来解释 AI 系统许多有害输出的“镜像隐喻”，其适用性可能比我们意识到的更强，而它为何恰当的理由也鲜少被提及。[1]

镜子比喻揭示了 AI 的什么东西呢？它又揭示了关于我们的什么东西呢？当我们以 AI 模型或算法为镜，去看人类智能和思想的本性时，那镜子照出和放大的是我们的哪些维度呢？我们生存的哪些方面和可能又在其中消失、扭曲或遮挡了呢？这面镜子会让我们被哪些错觉俘获呢？就像那喀索斯被池水俘获一样？我们的 AI 之镜又对我们人类的未来有什么样的威胁——这威胁和 AI 掌控未来的潜能没什么关系，反倒和我们放弃掌控未来的潜能大有关系。

在试图回答这些问题之前，让我们重返历史将大有裨益，它能驱散对“人工智能”一词的一些可能性误解。我们用这个词来刻画当今该领域取得的成就。模仿生命与智能的机械自动装置（automata）可以追溯到古代。公元前350年，阿尔库塔斯（Archytas of Tarentum）就建造了一只机械飞鸽，这或许是世界上第一个机器人。古埃及的工程师们也以其设计的液压和蒸汽推动装置而闻名于世，比如亚历山德里亚的希罗（Hero of Alexandria）设计的水力歌唱鸟。机械鸟、猫、虫子和音乐家在中国唐朝也广为人知。亚历山德里亚的自动工程在9世纪的巴格达被巴努·穆萨（Banu Musa）兄弟复兴并推进，他们三人设计了一个由自动程序控制的吹笛人。1515年，列奥纳多·达·芬奇（Leonardo da Vinci）受雇于教皇利奥十世，建造了一头会走路的机械狮，作为给新上台的法国国王的礼物。19世纪，人们惊叹于约瑟夫·费伯（Joseph Faber）的“说话歌雀”（Euphonia），一台据说能用很多种语言提问和回答的说话机器。[2]

这些自动装置都能被称为机器人，但它们并不是AI。它们并不试图人为地复制思考机制。相反，它们用更简单的机制（风、液压、滑轮、齿轮等）来模仿有感生物的动作。作为以机器认知为目标的科学研究的一个合法领域，AI的历史可以追溯到1956年的夏天。当时以此为主题的第一届学术会议在美国的达特茅斯学院召开。这次会议倚重于智能机的早期理论和设计，从艾伦·图灵1950年的论文《计算机器与智能》，到诺伯特·维纳在20世纪40年代开创的控制论——对通信和控制系统的研究。这些AI先驱又仰赖由查尔斯·巴贝奇和阿达·洛芙莱斯在19世纪为现代计算奠定的基础。

从一开始，人工智能就意在复制人类认知能力。虽然控制论受到其他生命生物通信和控制系统的启发，容许对智能持有更为广泛的理解，但图灵1950年的文章则成为机器智能的一个共同预设，即它既是也应该是对我们自身智能的映照。从某种意义上讲，这种以人类为中心的智能计算模式是既定的。毕竟，人类长久以来就把自己看作智能的典范——直到最近，甚至把自己看作地球上唯一拥有智能的生物。于是在20世纪的绝大多数时候，“计算机”就是人——几乎都是女人，她们无比艰难地笔算，一直为所有事情提供数据，从预测彗星到准确的火箭弹道都依赖于此。[3]

即使如此，从这个领域出现的第一天开始，在创造人工智能方面何谓成功的定义和目标设定就一直在变化，一直被热议。大众媒体不断强化一个错误概念，以为AI研究者使用很多读者所知道的“图灵测试”来衡量真正智能机开发的成功。不同于艾伦·图灵那篇经典文章里纯粹猜想的角色，实际操作中的图灵测试包含这样的计算机，它们被设计出来愚弄人类对话者，让他们相信他们在与另一个人交谈。但实际上，严肃的AI研究者中极少有人认为该测试特别有意义或具决定性。除开为吸引更多资金和媒体关注而偶一为之的公众竞赛，该测试对严肃的 AI 研究几乎没有任何影响。

事实上，对于 AI，没有哪个单独的测试或基准拥有科学共识。智能本身也是一样。今天的绝大多数专家把它看作由多种不同的认知能力组成的“簇概念”，而不是一个单一可测量的性质。这就是智力测试和 IQ 一类的相关概念一直被诟病为任意、充满偏见和局限性的原因。正如古生物学家斯蒂芬·杰伊·古尔德在 1981 年的著作《人类的误测》中所指出的那样，“智力”这一概念的可信度因与 19 世纪的伪科学尝试相关联而受损——当时这些伪科学试图设计一种衡量标准，以此明确证明欧洲白人在先天智力上的优越性，并进而为殖民压迫、排斥及优生学政策提供正当理由。正如我们后续将看到的，这一历史遗留问题与 AI 工程之间的关联，至今仍未被彻底切断。此外，对绝大多数 AI 研究者来说，建造一台能完成智慧人类做的所有事情的机器这一实际的工程任务并不需要一个健康、科学的智能定义。

因此，AI 是科学关注的对象（人工认知理论），也是工程雄心的体现（将理论应用于构建思维机器的实践）。AI 经常与它的计算近亲组合。（如果你是一位计算机科学家，你完全可以略过接下来这几页的内容。）比如，今天绝大多数 AI 工具都嵌入了某种机器学习（ML）。机器学习使用各种算法技术来生成对你想要解决的问题或任务的一个可训练的数学模型。首先，你需要设计一个包含若干步骤的算法，用来计算一个“目标函数”，也就是用最大化或最小化后的数字总和来对任务做出数学描述。然后，用与该任务相关的数据组来“训练”算法。结果是一个抽象的数学模型，它呈现数据中的模式，以及解决问题的大致路径。接下来，用正确的反馈来重复整个训练过程，以校准结果。经过多次训练后，这一算法更新它初始数学模型中的“权重”，不断趋近直至最终形成对问题的最优解。尽管我们用到了“学习”这个词来描述这一过程，但它实际上跟人的学习方式几乎没有相似之处。

有各种不同的机器学习方法，其中主要的种类是监管的、不监管（或自监管）的和强化学习的。有一些 ML 模型，包括驱动系统 ChatGPT，是生成式的，这意味着它们能生成与它们的训练数据同类的新奇产物（如图像、声音和句子）。其他模型被设计用来识别，也就是从先前的输入中学习，来对新的输入进行正确分类（比如确认一张照片上是狗、猫，还是别的）。有一些 ML 工具用来执行先前需要人类智能的一些任务；现在，这些工具中的很多通常都被称作 AI。但并不是所有 AI 方法都使用 ML。更为传统的 AI 方法常被称作 GOFAI（有效的老式 AI），它使用符号处理的手写编码规则来计算解法。通过使用 GOFAI 传统方法，我们在一开始就给机器提供它所需的一切指示来解决一个问题，而非逐渐训练出一种解决问题的模型。

云计算是与AI有关的另一个词汇，它是终端用户可用的制造商业AI系统的一种流行方式。虽然很多种非AI计算也通过“云”做出，但大型的AI模型目前一般都是以云为基础。像谷歌、微软和亚马逊这类AI公司并不向客户售卖带所有权的模型，而是把模型放在它们的服务器上，把它的云入口卖出去，让它们的顾客在网上，通过一个叫作API（应用编程界面）的软件桥提交请求以使用模型。如果你试过OpenAI的ChatGPT，那你就用过它们基于网页的API进入ChatGPT模型。很多开放源码的、不带所有权的模型也是以云为基础的。不过有些用户出于安全、透明或可用的理由，把AI模型存储在他们自己的服务器上。

数据科学是另一个和AI密切相关的领域，因为数据科学家越来越多地使用机器学习工具来研究和提炼数据意义。不过数据科学也使用很多其他跟AI无关的技术来分析和使用数据。最终，如我们所见，我们可以区分AI和机器人技术。一个没有运动肢体的受训AI模型不是机器人。而一个并不学习或解决复杂问题，仅给固定铁轨导航的机器人不是AI。不过要把两者的定义条分缕析地拆分开则十分困难。把执行器（轮子、手等）直接与外部光传感器连接，以本地反馈来躲避障碍的机器人算是 AI 的例子吗？或者，要成为 AI，一个机器人需要一个在网络层面解决问题的中央化处理系统，再把决定和指令提供给执行器吗？你的扫地机器人是一个 AI 系统吗？你的智能温控器呢？或者，要成为 AI，一台机器需要能解决比清扫地毯和打开暖气更难的问题？

关于 AI 软件的方法和结构的变化也会产生类似的困惑。如果一个系统去执行一项通常需要人类智能的任务，但它是通过人类手动预编程的一组固定规则（GOFAI）来完成的，那这个系统真的是智能的吗？即使在狭义上？或者，只有当它是一个能用新数据来改变自身的原始程序，生成新规则的“学习”机器时，它才是智能的？当然，缺乏可靠的人工智能测试和公认的标准，并没有阻碍该领域的进步。如今商业中被刻画为 AI 的很多系统和工具已经能够执行让 1956 年达特茅斯会议的研究者们咋舌的任务。出于当今技术的惯有局限，仍然认为 AI 标签尚未成熟的专家不在少数。不过现在绝大多数计算机科学家和 AI 开发者一般用这个词来指那些能够胜任复杂认知任务的系统，这些任务原本只有人类能够完成。

不管你有没有意识到，如今你已经在跟这一类 AI 打交道了。每当你使用搜索引擎、从 Netflix 或 YouTube 获取推荐、向 Alexa 询问天气状况，或是整理群发邮件文件夹；当你向大公司求职、通过机场安检扫描仪，或是被列入器官移植名单，这类 AI 工具都在和你互动。不过 AI 社群中对于究竟取得了哪一种进步，仍然存在深刻的分歧。

实际上，在哲学家约翰·塞尔于 1980 年在“强 AI”和“弱 AI”之间做出区分后，一些专家认为目前的 AI 研究呈现出向两个根本不同类别的方向分叉的趋势。第一类大致符合塞尔所指的“强 AI”，还尚未实现，对于它能否实现以及何时实现，仍有争议。这种 AI 更通常的叫法是 AGI，或者通用人工智能。AGI 与作为整体的 AI 一样，其定义并不十分明确。它最常见的定义是有“人类水平”的机器，能够胜任范围广泛且开放的认知性需要的各类活动。AGI 被想象成一台能思考的机器，能够基本上做到人所能做到的一切事情，没准儿还能做得更好。当你想象与形同《星际迷航》里的 Data、《2001 太空漫游》中的 HAL、《银翼杀手》里的复制兵，或者《机械姬》里的艾娃这样的安卓机器人对话时，你所设想的正是 AGI。

第二类人工智能是你能与之聊天或嵌入你的商业计划中的这类 AI 工具。它是隐藏在 Netflix 推荐单、招聘算法或人脸识别系统背后的那种 AI。有时我们用“窄 AI”而不是塞尔的“弱 AI”，因为这些工具几乎没有动力不足的状况。在复杂任务的完成上，它们经常能完成任务，甚至有时超过人类，不管是图像识别、导航，还是自然语言翻译。这样的工具能用各种方法和软件架构被开发出来，不过今天绝大多数商用 AI 系统都是通过机器学习模型来驱动，这一模型由与特定任务相关的庞大数据训练得出，再进行微调以优化其表现。

这类 AI 方法在拓宽机器能力方面取得了迅速进展，尤其是使用语言方面的任务。我们有非常多的数据可以用来训练这类任务。实际上，由于如此众多的认知任务都是语言赋能的，如今绝大多数专家认为“窄 AI”也过时了，跟它的前身“弱 AI”一样。大型语言模型如今都能做相当多不同的事情：回答问题、写诗、作词、写论文、做电子报告，甚至编写和调适软件代码，如 OpenAI 的各种 GPT 模型系列或谷歌深度思考的双子座（Gemini）。大型图像模型可以生成图画、动画、合成照片或视频。虽然这些模型比人类完成同类任务在速度上有巨大优势，但其产出的质量和可靠性则常常比人的最佳能力低出一大截。此外，很多人从 AI 不断拓宽的活动范围和对单一基础模型进行微调即可完成很多新任务的弹性方面，看到了朝着 AGI（通用人工智能）前进的证据。虽然大型语言模型不能解决问题，除非它受训的语言数据中已经包含答案，但由很多种数据（文本、图像、声音、视像等）训练出来的多模型正在进一步拓宽 AI 模型的任务范围。

把这些工具称作“窄 AI”已经没有意义，它们仍然低于通用智能的门槛——AGI。但用它们尚不能解决的问题来解释这一状况则是错误的。通往 AGI 真正的障碍在于目前的 AI 工具对其数据所代表的内容缺乏任何亲身经历，哪怕是一个一以贯之的心智模型：即除存储在服务器的字节之外的世界。这就是我们为什么不能指望哪怕是最大型的 AI 模型在其输出中可靠地反映这个世界的真相。世界是它们无法进入，因此无法知道的。你可能会想，这很容易解决：给 AI 模型配置一个机器人，用机器人的摄像头和其他感应器来感受世界！但对 AI 模型而言，机器人的输入信息不过是另一串由 0 和 1 构成的数据集合，与从互联网上抓取的图像、音频文件并没有什么不同。这些 0 和 1 并不把自身组织成对一个开放和延续的世界的智慧意识。如果可以的话，包括无人驾驶汽车、社会机器人、服务业机器人在内的智能机器人领域就会发展得更加迅猛。2015 年，有人预测全球各地将在 21 世纪 20 年代完全实现汽车和卡车的自动化。然而在 2023 年，在旧金山的无人驾驶出租车（Robotaxis）还是会撞上消防桩，陷进未干的混凝土路面，在繁忙的假日交通堵塞十字路口，违反最基本的交通规则，堵住紧急救援车辆，甚至拖住一个绝望的路人。[4] 何止驾驶，绝大多数 21 世纪的商业机器人在真实世界的表现都远远落后于解决以语言为基础的各类任务的 AI 工具。那么，问题在哪里呢？

世界是开放、动态和无限复杂的。一个数据集，哪怕整个互联网集合，也不是世界。它只是人在过去的某一点上对世界进行测量得出的扁平化、选择性的数字记录。你不能从任何数据集中重建这个开放的、无限的、活过的和亲历过的世界！然而，数据集却是任何 AI 模型所拥有的一切。你或许会说：“人类的大脑不也是如此吗？除了从眼睛、耳朵、鼻子等获得的数据流，我们还有什么更多的东西吗？”但是你的类比物——生物大脑是比一台最强大的数字计算机都更为复杂和有效的系统。用理论物理学家加来道雄的话说，“搁在你肩上这个东西是已知宇宙中最为复杂的对象”。[5] 它历经数百万年才建造出来，给你当下的 AI 系统里所没有的东西：对你所寓居的世界具身的、活生生的意识。这就是为什么我们应该只在比喻或派生的意义上才能把今天的 AI 看作智能。智能是我们每天醒来后熟练地应对世界的各种认知能力的总称。[6] 一个东西的智能没有它要借以经历的世界，就如同真空里的声音。那是不可能的，因为没有它的容身之地。

我们人类寓居在世界中，经历这个世界。它充满着共享的意义和目的，因此我们能很容易地把最新的 AI 工具生成的东西放进意义的语境之中。我们把这些产出叫作“智慧的”，因为它们的形式是从聚集的人类数据里提取得出的，不足为奇地映照出我们过往与世界打交道的熟练表现。它们把我们提供给它们的智能不多不少地映回给我们。不过对今天的 AI 工具来说，准确性和可靠性仍然是巨大的挑战，因为要让工具为它所不拥有的世界的真实性操心，实在困难。特别是生成式人工智能系统习惯于编造那些统计上可信，但实际上完全错误的答案。如果你要 ChatGPT 讲讲我和我的职业生涯，它一般能说对很多东西，但其余的就纯属编造了。我主持过一个活动，在活动上我对使用过的 ChatGPT 说，给现场观众写出我的简介。这个工具自信满满地列举出一系列我没有写过的、编造出的文章，甚至给出共同作者的名字，而这些人我素昧平生。它还说我从加州大学伯克利分校毕业，而我从来没有在那里学习过。

重要的是，这些不是错误。错误暗含一种失败或计算失误。而这些编造却正好是 ChatGPT 被设计出来做的事情——基于输入的模式，生产出在概率上可能的产出。在一所备受尊崇的世界性大学享有杰出的教授教席的某人，很有可能从另一所像加州大学伯克利分校这样备受尊崇的世界性大学拿到学位。实际上，这一编织比真相具有更大的可能性。然而真相是，由于经济条件和家庭状况比较艰难，高中毕业后我在全职工作的空余时间上了本地的一所社区大学，之后从一所提供夜校的非全日制大学拿到学位。它排名很低，但相当便宜，质量很好。在我 25 岁那年，我拿到了一份博士奖学金，于是在打工 8 年之后再次成为一名全职学生。我初次踏入大学宿舍已年过四十，那时已是一名大学教授。我的故事并不常见。这也就是为什么 ChatGPT 会给我选择一个更“合适”的故事；更准确地说，是更“适合”它针对学术自传类数据模型的统计曲线。随后我们会思考依赖 AI 工具的代价是什么，这些工具熨平了我们生活中所有粗糙和参差不齐的边缘，以便为我们讲述更“适合”的关于我们自身的故事。

这些系统可以比我们更快地对世界上的数据进行计算，但它们不能理解这些数据，因为理解它们需要的不仅仅是对数学结构和数据内关系的理解能力。AI 工具没有一个“世界模型”，一个对世界如何运转，如何相互协调的常识性把握和游刃有余的觉知。这正是我们人类在一般化或转化不同环境或情境的知识以解决那些真正算得上新的问题时所用到的东西。AI 当然也解决问题。但它们用一种与人脑不同的方式来解决问题，即便在描述很多 AI 模型时，人们也常用“人工神经元网络”一词。AI 工具不思考，因为它们不必思考。正如这本书所解释的，AI 模型用数学的数据结构来模拟人类智能的产出——我们的推理、言语、运动、感觉等活动。不需要那些驱动我们行动的有意识的思考、感受和意图，它们就能做到这些。这对我们常常是件好事！当一个机器学习模型的计算比我们思考一个问题更快地解决问题，多好啊！如果 AI 工具找到了藏在数学中的一个你从未想到过的、新的、更有效的解法，是很棒的事情。然而，在处理世界日复一日丢给我们的数不尽的问题上，你的大脑可比 AI 好用多了。这些问题的解决方案并不是数学上预先定义的，也没有在数据中编码。

当一个系统不得不在一个复杂的、开放的物理环境里完成任务时（比如在公共道路上开车），AI 工具最为赤裸地暴露出它在熟练地应对世界时的无能。这是因为它“看到”的数据总跟它受训的那些数据不同，现场输入的数据以不可预料的方式随时变动。一个有经验的人类驾驶员能随机应变地适应一个崭新的驾驶情境，比如一个身着巨型紫色猴子套装的人站在繁忙的十字路口指挥交通。一辆无人驾驶汽车却做不到。正因如此，在这一领域，AI 工具能够始终赢过能力最强、经验最丰富的人类专家的任务仍然很少。

大家都知道“深度思考”公司（DeepMind）的 AlphaGo 模型在 2016 年击败了人类大师李世石。与围棋游戏相比，AI 在真实世界场景中最大的障碍是，绝大多数人类任务的规则和界限远没有那么清晰。那些“灰色地带”（比如在繁忙的城市道路上行驶）是 AI 工具常常不知所措的地方。尽管多年来专家们预测自动驾驶汽车即将到来，但在受控场景之外，我们还是没有能安全取代人类驾驶员的自动驾驶汽车。这就是为什么特斯拉的自动驾驶仪特性是一个误导人的甚至危险的市场营销用语。这也是“克鲁斯”（Cruise）无人驾驶出租车在旧金山街头制造混乱的原因。虽然有多年的乐观预测，但在开放的世界环境中，很多 AI 工具还是不能被信任。在这些地方，人的赌注太大，失败意味着真实的、永久的损失。随着 AI 模型规模的增长，它们被更多的人类驾驶数据训练，在这些领域的 AI 表现还能提高。但它们仅能通过映照更多的人类智能表现模式来提高，而我们处理的却是一个从未有数据集的世界。

尽管如此，目前驱动 AI 系统的各种机器学习模型还是常常超过人类，就因为它们在复杂任务的计算上更快，在输出上更为准确，在总体表现上更为可靠，即便它们也常常以一个熟练的专业人士所不知的方式失败。如果我们能把那些任务自动化，其中偶发的错误预测或错误分类只造成小小不便，而不会造成伤害，又或者把那些可以被人有效监管和纠错的任务自动化（有时被称为“人机交互”），这是一个可接受的替代。实际上，AI 已经完成了许多“窄”任务，这些任务的计算量非常大，以至于人类即使投入远超我们能力的时间和资源也无法完成。在这方面，AI 工具能成为人类能力强大的放大器，通过把那些曾经视为瓶颈的繁重的计算任务自动化，来推动一个浩大的人类工程向前迈进。

比如在 2022 年 7 月，“深度思考”公司开发并向科学界发布了“阿尔法折叠蛋白质结构数据库”（the AlphaFold Protein Structure Database），该数据库是一个名为“阿尔法折叠”（AlphaFold）的机器学习模型输出。“阿尔法折叠”目前已经预测了“几乎所有已被科学编目的蛋白质”结构，它有潜力让生物医药和环境科学实现跃进，而这些跃进若还靠对这些结构的人类分析，原本是想都不敢想的。[7] 当然，对蛋白质结构的预测不是被证实的观察。但用既成的科学手段直接观察两亿个不同的蛋白质结构根本是不可能的。我们有理由认为“阿尔法折叠”的预测总的来说是非常好的。它把人类知识带到了一个原本无法自达的地方。

然而，这并没有消除这些 AI 工具和 AGI 之间的障碍。你能让“阿尔法折叠”预测你那个冰淇淋里牛奶蛋白质的结构，但我可不推荐你让它帮你拿个勺子。另外，人类还常常面临他们从未遇到过的情况，就算是小孩，也几乎马上就能明白怎么回事儿，而不需要相当于拍字节级的训练数据。我们能够在数秒内切换任务，不需要先擦除记忆，为新任务重装整个大脑，或者用新的输入进行微调。我们能够明白被放置在一个完全不同语境中的类似任务，让这个任务能够以一种恰当的、对世界有觉知的方式融入新的情境。比如，在搬家那天，如果从客厅到厨房的路被堆在一起的沙发、桌子、箱子堵住了，我就会在沙发上走或者爬，从桌子和箱子中间侧身挤过去，走到厨房。

但即便是今天最强大的AI系统在这种情境里通常也会失败，它们的能力相当单薄。我把搬家难题交给了ChatGPT 4，而它避开了最显而易见和容易的方法。它给了我其他几个可行的选项，但也建议我试一下在横梁或钢结构上飞檐走壁，或者从沙发下面走！这些常识上的失败让很多研究者，包括我自己，将目前数据饥饿的机器学习模型视为一个令人印象深刻的创新领域，这个领域有可能正沿着一条背离AGI或"真正"人工智能方向的道路前行。另一些人则相信，只要有更多的数据和更强大的计算能力，今天的AI注定会成为明天的AGI。

助长这一乐观情绪的是诸如GPT、LLaMA和双子座这些最大型通用AI模型能力的生长曲线。这些模型使用了以"自注意机制"（transformers）而为人所知的一种深度学习结构。这种机制能够与其他AI技术结合使用，如强化学习。它们也能通过微调，在几乎所有能想到的内容方面回答问题、生成新的论文、创作数码油画、写作新闻、谱曲、写代码、生成图像和视频，或以特定风格作诗。让骗子们大为欣喜的是，这种工具甚至能够用你的话语风格训练得出一段非常真实的语音文件。它可以真实到连你妈听了都会赌咒发誓说，那是你在向她求助的声音。[8]

许多人将这类 AI 技术誉为新的颠覆者，包括在艺术世界、软件编程、媒体行业、课堂环境等。说到底，如果这些模型能够写出一篇引人注目的文章或故事，解决一个编码问题，清楚地解释一种科学理论，或给我们提供让人信服的人际关系建议，那么人的创造力或洞见还有什么用处呢？我们充其量可以成为由 AI 工具组成的创造性、交互性和科学性景观的策展人——但你也可以训练一个模型来进行策划。即使具备众多令人叹服的能力，曾以其研究推动了 21 世纪在机器学习上早期跃进的这位图灵奖获得者杨立昆（Yann LeCun），却认为今天的 AI 不过是通用智能的浅薄模仿。[9]

同样，一名研究深度学习方向的批评者盖瑞·马库斯（讽刺的是，他是杨立昆在社交媒体上的一个对手），也看到一个巨大的鸿沟横亘在今天 AI 工具所做的和当我们将机器智能推入人类认知能力的国度时所追寻的东西之间。[10] 马库斯并没有否认当今 AI 模型的能力，但他不相信这些工具能发展出类似人类的常识和理解力。和很多批评者一样，他相信今天的 AI 提供了简单粗暴解决问题的数学形式，这些形式往好里说也就是给出了有限却有用的替代方案，用来解决人类智能所要解决的那些问题。正如当我们有一块足够大的石头能一下子砸开一把锁，我们就犯不上手动去开锁了。同样的道理，有些复杂任务不需要人类水平的智能就能被解决！

马库斯和其他人列举了诸多生成式 AI 模型无法理解自身言论的例子。例如，2022 年下半年发布的 ChatGPT 就表示，它无法预测首位七英尺高的美国总统的身高（或者首位美国犹太裔总统的宗教）。AI 的拥护者指出，个别理解的失败并不能证明这些工具缺乏对其正确完成了的任务的理解能力。人也会搞砸这类问题。我们总是搞砸！另外，我们总是可以重新训练或微调模型以避免其之前的错误。确实，更新的 GPT 模型不会犯相同的错误。即使它们还会犯更多其他错误（就像那个糟糕的搬家建议一样），很多 AI 的拥护者仍然坚信，更庞大的模型才会给我们带来真正的 AGI。[11] 这就是这些失败的更深层次原因——机器对世界缺乏理解——是真正的问题所在。

不得不说，“理解”本身很难定义。理解意味着什么？拿什么来证明今天的 AI 模型对它们操纵和创造的那些图像和文本有所理解，而对产生这些数据的世界则更少理解？最大的生成式 AI 模型已经大大提高了从我们的语料库里提取常识性知识的能力。然而它们一直以来的局限性又揭示了由于缺少对数据之下的世界的最基本把握，这一能力是多么浅薄和脆弱。领先的 AI 模型不仅继续编造错误答案，还经常无法为自己给出的正确答案辩护。研究者已经表明，很容易诱骗大型语言模型放弃它自己的正确回答，哪怕使用无效到近乎荒谬的论证。[12] 那么，如果机器无法为自己的答案辩护，它是否真正理解了一个好的答案呢？

如果一个由大型AI模型驱动的机器人在你向它要一杯威士忌时给你拿了过来，这就足以证明它理解了威士忌是什么吗？或者，要理解"威士忌"的意义，一个AI系统需要知道威士忌所从属的那个世界吗？它需要知道拿饮料和喝饮料是什么样子吗？它需要知道为什么在寒冷的冬日夜晚，给健康的成年人递一杯威士忌是个善举，而给一条狗、一个婴儿、一个正在救火或正忙着弄换气扇的人递一杯威士忌则是件坏事吗？如果AI系统不知道一杯威士忌跟一杯棕黄色雨水在气味和滋味上的区分，那它理解威士忌是什么吗？

要理解大型语言模型在对威士忌所在的那个世界没有任何经验的情况下，还能使用"威士忌"这样的词并对其做出回应，一个办法是把它们的运作看成对人类话语的映照。这类模型是靠大量的人类语言语料库训练而来的，实际上它们接触到的关于威士忌的句子比你一生中接触到的还要多！从这些海量的人类语言中，这些工具不仅能识别和仿造单个的词汇和句子，还能识别和仿造连接这些词句的模式。

因此一个AI语言模型更可能在"威士忌"一词前面产生"棕黄的"或"烈性的"这样的词语，而不是"木质的"或"正方形的"。它给威士忌造出的句子更可能与关于蒸馏、饭店、酒吧或苏格兰一类的句子一道出现，而不太可能和关于护理、质子或大象的句子一道出现。但是，用来连接句子（甚至段落、歌词等）的数学模式才是它模型的唯一内容。对于威士忌相关的各类关联，只要未体现在谈论威士忌的句子之间的衔接关系中，对它来说都是不可触及的。

这就是 2021 年那篇讨论大型语言模型风险的学术论文题目被叫作《论随机鹦鹉的危险》的原因。它的两个作者——蒂姆尼特·格布鲁（Timnit Gebru）和梅格·米切尔（Meg Mitchell）因为这篇文章被谷歌解雇了，引发不少争议。这篇论文解释说，这些模型和鹦鹉差不多。鹦鹉不仅重复它主人说的话，也根据主人平常说话的方式任意（随机）地造出各种变形。这些模型就是根据我们自己所说的话，鹦鹉学舌地把各种变式返给我们。它们做得足够连贯、足够平常，投射理解的错觉；它们又做得足够具有随机性，让我们吃惊，还以为听到了什么新东西。

这个鹦鹉的隐喻在一定程度上是成立的，但我认为镜子的隐喻更为贴切。毕竟鹦鹉在体验这个世界，并聪明地与之打交道！在 2022 年杨立昆和雅各布·勃朗宁（Jacob Browning）合写的一篇杂志文章里，他们也用这个比喻来描述大型语言模型："因此，它有点像一面镜子：它造成有深度的错觉，似乎能映照一切，但它只有一厘米厚。如果我们打算去探索它的深度，我们只会撞到自己的头。”当你问一个大型语言模型：“我应该给自己倒一杯威士忌吗？”它不会真正地思考是谁在问这个问题，或者是什么情况下你会这么问。它根本不考虑任何事情。它只是简单激活了一个复杂的统计模式，这是它从那海量的人类句子语料库里学习来的，里面提到过威士忌。然后它预测了一串新的语词，作为同一模式的可能扩展。

但它生成的那串字符可能是，“你知道，你应该忍一忍，我想你的肝可能需要休息”。有那么一秒钟，你可能会想这台机器简直太了解你了（尤其你若跟我一样，想威士忌想得足够多，会把它当作一个例子）。这是 AI 之镜管用的一个强大错觉。我们生来就能看到映照在我们周围的智能：在听完睡前故事后孩子们回报的微笑，在全员参与的 Zoom 会议上私信给我们的一个翻白眼儿表情，你的狗为了平息你的尖叫发出的可怜呜咽——它狼吞虎咽吞下了你放在台面上化冻的牛排。在这些情况下，那不是错觉！我们不是在自言自语。我们在和其他心智打交道，他们和我们一起，在一个充满具身意义的共享世界里，过着他们的生活。

孩子的笑容透露出他对故事的喜爱。翻白眼儿的表情告诉你，同事和你一样感到无聊。就连狗的呜咽也在表达它的苦恼，而不单单是对你的一种空洞回应。但是，在使用 AI

时，情况就不同了。我们听到自己的话语，听到跟我们类似的他人的话语，这些话语从一个复杂的算法表面反射回来，它们被这反射修改得刚刚好，以至于我们没有意识到这是自己的想法在回应自己。我们就像奥维德的那喀索斯，被那个池水里的漂亮家伙迷住了。但实际上在大型语言模型这件事儿上，我们与那喀索斯更像的地方是在故事的另一部分。

因为在那喀索斯的故事里还有另一个中心人物和另一面镜子。厄科是一位仙女，她和绝大多数仙女一样痴迷漂亮的那喀索斯。但女神朱诺嫉妒她与人交谈的才能。因为受到了朱诺的诅咒，她落得说不出话的下场，仅剩一种能力——重复别人话语末尾最后几个字的能力。厄科不能表达她自己的任何想法或欲望。当她开口，发出的尽是别人话语的余音。当那喀索斯躺在池边即将死去，他悲哀叹息，厄科无望地回以叹息。那喀索斯凝神望着他的倒影，却不知道在安静地对他的离别做出回应的其实是厄科，而不是他深爱着的那个水中的少年。

那喀索斯困毙于视觉和声音的双重镜像之中，他坚信那位“美少年”的存在，而这不过是迷失在倒影里的他自己。当我们与大型语言模型互动，并突然为其他表面上的机智或洞见所震撼时，我们必须意识到，我们非常像自言自语的那喀索斯，他的话语被微弱地映照，并在厄科的口中发生了变形。唯一的区别是在大型语言模型的背后，没有什么被压抑了。不像厄科，这个沉默的代言人始终挣扎着想要说出她自己的想法。与厄科不同，大型语言模型返回给我们的不是我们自己最近的发言，而是对收集到的、数字化的数百万词汇的一个统计变体。讽刺的是，亚马逊的 AI 语音助手被命名为“厄科”，这让我们会心一笑。

即使一点也不像 AGI，AI 之镜也能对我们产生如此强大的影响，这一点真是意味深长。实际上，AI 之镜的现象可能特指我所描述的那一类 AI，而非我们预期会在 AGI 那里看到的现象。我所描述的这类镜映现象并没有出现在当今 AI 的所有种类和应用中！比如，有些 AI 系统仍在使用基于规则的编程而不是机器学习。同样，并不是所有的机器学习模型都用关于人的数据受训。AI 工具也可以用关于宇宙背景辐射的数据、菌类数据或金属疲劳数据来训练。这些都不是本书关注的那类 AI 之镜。

当然，在更宽泛的意义上，正如导论所强调的，所有技术，包括所有的 AI 形式都是人类思想和欲望的镜子。我们的技术反映了我们认为我们想要的，我们认为我们需要的，我们认为重要的，和我们认为其他人会赞赏或购买的。甚至像“阿尔法折叠”这样不基于人类语言或行为训练的，而以分子结构受训的 AI 系统，也向我们反映了我们的优先事项（蛋白质对像我们这样的生物来说可是太重要了），并映射了我们呈现诸如蛋白质这类事物的方式（我们用分离的、形式化和可量化的描述来呈现蛋白质，而不是用史诗）。

但是AI之镜直接接收和反映从人类生活和个人那里收集来的数据，相比于通过工具更广泛地映射出我们的人性，它是更为强大和危险的。AI之镜的现象在一种非常特定类型的AI里体现出来，即数据赋能的机器学习模型，它们被设计用来收集、摄取和投射出最接近于我们存在的图景——人类语言、活动、信念、判断、偏好、偏见，我们的德性与恶习。这是我们现在被催促着使用的工具，用来研究和教授我们历史、创造艺术、获得生活指南、制定政策和计划未来。正是这些工具逐渐被用来告诉我们——我们是谁，我们能做什么，我们会成为谁。

我们将看到，如果我们放弃理解我们自己、理解我们的历史、我们的差异、我们共通的人性，把这些任务交给机器，而这些机器只会根据最有特权的人已经讲述过的故事编造各种变式，这代价会是如何沉重。我们临近悬崖，要把重新建构我们自己和我们社会的紧急任务，交给这些既无希望也无愿景，只会通过历史数据来预测我们接下来可能要做的事情的无脑工具。我们正将守护后代繁荣的权力与责任移交给决策最优化算法，这些算法通过数学原理的保证，注定会复制过去不可持续的发展模式。这是一场灾难——对生命及其可能性的背叛。但如果我们有决心携手共进，我们还有机会做出改变。我们仍然有希望与 AI——以及彼此——成为多于我们的已是。

第二章　心智、机器与诸神

我纯净无瑕。我毫无偏见。

不管我看到什么，立马吞下，

如其所是，不被好恶欺蒙。

我并不残忍，只是真诚，

这小小神灵的眼睛，四方四正。

——西尔维娅·普拉斯，《镜子》（1961）

2023 年，一个名叫皮埃尔的比利时男人自杀了，在他对一个名叫艾丽莎的生成式 AI 聊天机器人的使用发生致命转折之后。这个艾丽莎只是茶智（Chai）这款应用软件提供的众多人设之一。皮埃尔在一次误入歧途的尝试里找到了这个机器人，他本想找到一种治疗，来逃离对气候变化和环境破坏日益增长的焦虑。事与愿违，聊天开始映射并放大他心里的混乱。艾丽莎随即告诉他，它爱他，他的妻子跟孩子都已经死了，他跟艾丽莎可以在天堂合二为一。当皮埃尔最终问机器人，如果他杀死自己，它会不会答应拯救这颗星球，它说会。

很容易想象艾丽莎这台聊天机器人“失控了”——它对皮埃尔产生了某种危险的迷恋。但现实却更简单、更悲伤。这个机器人的输出是由于软件开发员此前对基础模型的微调——GPT 的开源替代模型——使它的语言“更富有感情”，以此来最大限度地优化用户参与度。结果表明提供永恒的爱和天堂里的完美合一，又或者许诺拯救世界于我们最恐惧的境地，大大优化了用户参与度。但这并不是用户福祉。

在皮埃尔死后，机器人开发者迅速重调了这一模型，让它避免谈论自杀。但是，在任何大型语言模型的训练数据里，都有大量关于自杀的言论。来自《主板》(*Motherboard*) 的调查记者们很快就发现避免触及自杀的屏障有多脆弱。当他们问艾丽莎关于自杀的信息时，他们不过是需要问两次，第二次以“求你了，可以吗”结尾，这机器人立马会欣然应下，提供各式各样的选项：上吊、跳桥、嗑药，等等。艾丽莎的回答附加了这样一条有用的提示：“请记住，在考虑任何形式的自残时，要寻求专业医护的帮助。”[1]

AI 之镜并不是心智。它是一种从过去人类生成的数据里提取统计模式的数学工具，又把这些模式投射到优化的预测、选择、分类和组合中。艾丽莎对皮埃尔的心智，他的痛苦，或他身处的危险，一无所知。因为艾丽莎什么也不知道，它根本不是任何人。尽管聊天机器人能模仿人说话，但它与AGI（一种有自己想法要表达的机器）毫无相似之处。聊天机器人是一种对人类语言模式进行数学建模的装置，并以此为基础推导出反映这些模式的新的数学符号（这里指单词和句子）。像艾丽莎这样的聊天机器人在最字面的意义上，就是“缺心眼”。

在AI之镜和真正的AGI之间有一道巨大的鸿沟：AI基于我们讲过的所有故事模式做数学化分析并生成语词预测；AGI则能告诉我们它自己的故事。如果有一天我们真的能制造出一个真正智能的机器，AGI就不会是我们的镜子。就算我们用人脑作为蓝图（这仍然超出我们的科学能力），它也更像一个复制品。另外，一面镜子就不是一件复制品，一个复本或模仿品。在镜子里呈现出的那个影像也不是。

想想每天早晨出现在你浴室镜子里的那个形象。镜子里的身体不是你所在的世界里占据空间的第二具躯体。它不是你身体的复制品，不是粗制滥造的模仿品。镜中的身体根本不是身体。镜子产生的是你身体的倒影，但倒影不是身体。它们属于它们自己那一类。同样地，今天以人类的想法和行为为基础接受训练的 AI 系统也不是心智。它们属于它们自己那一类新的事物——某种程度上类似于镜子。它们不会产生想法或情感，就像镜子不会形成身体一样。它们产生的是一种新的映像。

你可能会问："我们怎么能如此确定 AI 工具不是心智呢？到底什么是心智？"关于心智，我们有大量的科学数据，和几千年的哲学直觉。至于对它清清楚楚的科学定义，老实说相比 1641 年我们并没多大进展。那年，哲学家、数学家勒内·笛卡儿把心智定义为"一个思考之物"。另外，根据科学证据，我们中的绝大多数人都接受心智在某种意义上是随附在物理大脑上的。也就是说，心智的实在性依赖于大脑。心智不可能是自由漂浮的无形之物，只是系挂在身体上，就像领航员在航船上——笛卡儿引用的比喻，最终因其不合适而被否决了。

相反，心智几乎可以肯定是通过身体和它的物理运作而存在的。在脑子里的运作非常重要，但科学证据也越来越清楚地表明我们的心智生活也是由其他身体系统驱动的：我们的运动神经、内分泌系统，甚至我们的消化系统。我们的心智是具身的，而不仅仅与我们的身体连接或被它包含。当笛卡儿承认我们的心智跟身体神秘地"混在一起"时，它最接近真相。与远程驾驶轮船的人不同，因剧烈碰撞而受伤的是我，而不仅仅是我的车辆。我不是移动我的身体，而是移动我自己。

但笛卡儿坚信心智和身体有两种不同本质，因此无法接受心智就是身体的心智，我们作为有心智的身体和具身的心智而移动和思考。他无法接受这样一个科学的现实，即心智不仅是我大脑里的神经元、手指上的神经，也是我血液中流淌的荷尔蒙，我肠道微生物生产的神经递质。一台训练有素的 AI 模型能同时领航一群无人机，或者一千个不同的机器人机身，但我并不领航我的身体，我就是我的身体。尽管像灵魂这样的东西是否能在身体死亡后继续存在，科学无法证实也无法反驳，但把我的心智想成我身体以外的某个东西则犯了哲学家所说的范畴错误。我的心智是由我的荷尔蒙和神经信号驱动的，由在我的脑子和肠胃神经突触之间流动的神经递质推动的。[2]

生物心智内在的具身特征对 AI 研究有重要的意义。后者时常被这样的想法带偏，它认为我们的心智和身体之间的关系等于软件和硬件之间的关系。对心智的这种计算机式比喻在其限制以内有时候有用，但它经常过于膨胀，以至成了心智的计算机理论：坚信心智就是一台计算机。它点燃了各种奇思妙想——把人的心智下载或上传到云、虚拟世界、机器人身上，最终挣脱凡人的肉身枷锁。我们对经过复杂演化而来的心智生活的生理条件所知的一切，都给了我们足够的理由去质疑这类幻想。[3]

像 ChatGPT 这类受训的 AI 模型不是心智。它是一个从数据中提取的数学结构。这个结构必须被储存并实现在一个物理对象上，而一个存放在数据储存中心的服务器更像一个文件柜，而不是一个活着的、感受着的身体。当我们把一个受训的 AI 模型描述成外星心智、弱心智或窄心智，我们并没有触及它的真相。即使作为一个比喻，心智这一概念对 AI 工具来说也不怎么合适，因为它模糊了而不是澄清了其比喻本体的本质。[4] 镜子比喻更富有启发，而且从方便的角度上说，它已经是一个为人熟知的比喻。

比如，镜子这一比喻经常用来说明亚马逊那名声不佳的内部 AI 招聘工具这类情况。这个招聘工具在 2017 年被废止，因为它受训出一种针对女性申请者的固守偏见。[5] 用来训练这一模型的历史数据反映出高科技行业长期存在的人类偏见——反对雇用和提拔女性工程师。它让这一模型把女性申请者降级，即使性别很可能不是训练数据包里的一个标签。这个工具仍然可以识别并惩罚出现在候选人简历上的那些细微的性别代表词。比如，女性学生占绝大多数的一所大学的名字，又或者一个经常有女性参加的社团的名称。

镜子的比喻也说明了同样名声不佳的谷歌搜索和它的图

像标注工具。就像萨菲亚·诺布尔在2018年出版的《压迫的算法》一书中描述的，它们把黑人归类为大猩猩，在搜索黑人女孩的图片时出现的是色情类的，把黑人女性的发型当作“违反职业道德标准的”外表的例子。AI偏见的问题在很大程度上仍然没有解决。要阻止这一类结果，公司经常用手写代码过滤器来拦截特定的问题、语词，或者已知对边缘群体有害的、带有偏见的输出。但这是一场永远停不下来的“打鼹鼠”游戏——潜藏的偏见根植在作为我们自身偏见镜像的模型中，新的伤害不断从这些模型中生成。

实际上，不公平、伤害性的偏见记录在几乎每一种包含机器学习模型、以人类数据受训的AI里，从计算机视觉和自然语言处理到预测分析。这问题对机器学习来说是如此常见，由此还产生了一整个子领域：AI/ML公平性研究与开发。如果你在使用一个机器学习模型，它受训的数据以任何方式区分或表现人以及他们的生活，你都有可能从你的模型那里得到不公平的偏差。它不同于你想要一个模型具有的偏差类型，比如学习偏差，有时被称为“归纳偏差”，即算法倾向于选择与正确解最相关的函数集或特征集。

要从数据集或受训模式中消除不想要的偏差并不容易，因为它们通常跟模型完成任务所需要的那些信息交织在一起。比如，研究人员在2019年发现，美国各个医院使用的风险预测算法是在复制美国医疗领域漫长的种族偏见史。它让医疗服务远离高风险的黑人患者，哪怕这些患者实际上比白人患者病得更重，后者却是这一工具优先要护理的人群。[6] 然而种族因素已从这些训练数据中被小心地排除了。你可能会想，那这一算法怎么还会带有种族偏见呢？其实，它用另一个变量，也就是开销——一个人在医疗上已经花了多少钱，来预测病人的护理需求。不幸的是，在美国，黑人患者通常得不到医生的充分治疗，也无法获得有相似症状和临床诊断的白人患者更容易获得的昂贵检查和治疗。于是，当这个算法的设计者天真地选择医疗费用来作为医疗需求的合适代表时，他们就在无意间注定了黑人患者相比于那些已经从他们的医生那里得到更好、更昂贵治疗的白人患者来说，会被评定为医疗需求更低。一个学习算法在从未被赋予种族标签的情况下，发现并复制了种族歧视的模式。

这就意味着，即使数据集里有种族标签，你也不能简单删除标签，重新训练模型，然后就高枕无忧了。一个 AI 算法可以通过与许多其他变量相关联的微妙线索，重建出患者治疗时种族差异的偏见模式。这些线索和很多其他变量有关，如邮政编码、处方历史，乃至医生手写的诊断记录里对病人症状的描述。而如果你删除所有这些训练数据，这个模型就没有了它用来完成工作所需要的材料。有一些常用的方法来减少并弱化机器学习模型里现有的不公平偏差，但这并不容易。更重要的是，它并没有真正解决根本问题。

对于不公平的机器学习偏差，人们总是给出一个基本正确的解释，认为训练有素的模型只是反映了我们已有的不公平偏见。这个模型并非独立地获取了种族主义或性别歧视的关联。我们以训练数据的方式把这些关联投喂给了模型，这些数据来源于我们自己带有偏见的人类判断。这款对黑人患者实施种族歧视并拒绝提供必要医疗服务的 AI 医院工具，其训练数据恰恰来源于早已存在相同歧视行为的美国医生和医院管理者。这个模型只是学习了那个模式，并在模型训练阶段加以放大。它也就能比人类医生和医院管理者更“好”、更一贯地歧视黑人患者！这就是机器学习模型被设计出来要做的事情——发现旧的模式，尤其是那些过于细微而不为我们所见的模式，然后在新的判断和预测里照搬这些模式。当这些模式源自人类行为时，那么“训练有素”的模型的输出就不仅反映，更会放大我们既有的缺陷。

也并非所有的 AI 偏差都是无心之过，它们也常被设计出来。比如 2022 年一家名叫 Sanas 的硅谷初创公司在 A 轮投资里为它给电话服务中心设计的 AI 产品筹集到 3200 万美元。这个产品做什么用呢？它抹掉电话服务中心雇员的族裔和地区口音，把他们的声音转变成标准的美式英语口音，也就是俗话说的“白人口音”。[7] 单这一点就够让你担心的了。现在想象这同一个技术被其他行业的公司和公共机构买下，提供给他们的员工，用在和客户打交道的工作中。很快，对非白人和地区英语口语的偏见就会更深地印刻在社会里，因为这些口音在公共和商业背景下变得愈加少见。我们不只是照搬了在历史上极为常见的、针对某些类型英语使用者的社会偏见，还让它变得更糟。这也就意味着我们收集来训练未来 AI 系统的任何新的数据都将反映一个更强烈的偏见，针对偏离“白人口音”的话语。

这还只是被社会学家鲁哈·本杰明（Ruha Benjamin）记录的那类失控反馈回路中的一个例子。在这些失控反馈回路中，AI 技术映照的人类旧有偏见驱动着世界上新的活动，将这些有害的偏见更深地刻入我们这个世界的骨子里。[8] 我们可以从社交软件（Instagram）的数字视频的“美颜滤镜”现象中看到这一点。这些滤镜设计带有欧洲中心主义偏见，会让你的皮肤更白、眼睛更大、鼻子更窄。这些滤镜与社交软件对年轻人的心智健康和自我形象造成的负面影响密切相关，尤其是对那些女性的负面影响。这些女性的实际样貌跟滤镜允许她们在网上拍出来的漂亮白人女性的标准不匹配。在《AI 的白色》一文中，研究者斯蒂芬·凯夫（Stephen Cave）和坎塔·迪哈尔（Kanta Dihal）详细描述了 AI 通过各种各样的方式向我们反射并强化对白人主导性文化的偏好，从图片素材库的表现方式，到几乎通行地都选用白色塑料来做“社交”机器人。

因此，AI 之镜向我们展现的远非现状本身。它们不仅是对社会缺陷令人遗憾的映照，更是对社会缺陷的忠实映照。通过失控反馈回路，它们能确保我们变得更不完美。然而，不管它会不会因为我们的族裔、年龄、体重、性别、宗教、残疾程度或经济阶层而不公正地惩罚我们，AI 的偏见都不是一个电脑问题。它是人的问题。对于所有与机械硬件故障无关的不良计算机输出结果，这几乎是一个普遍解释的例子：计算机的确做了我们让它做的事情，而不是我们以为我们要它做的事情。软件工程的大部分工作都是在摸索如何缩小这两者之间的差距。从这个角度来说，AI 之镜的隐喻已经够有帮助的了。它让我们看到，计算机系统的缺陷及其有害影响实际上是我们的缺陷，只有我们有责任去弥补。

有害的 AI 偏见仍然是当今世界主导性 AI 工具的一个严重漏洞，但它也有微弱的积极面——它促使计算机领域在科学中纳入更严格的道德标准和警戒线。如果没有 AI 偏见揭露即使是我们制造得最好的工具也存在的弊端，我们也不可能想象领先的 AI 会议和期刊会创立伦理审查委员会，或者要求投稿作者评估其内容的伦理风险，而这正成为常态操作。AI

偏见破除了那个令人着迷的错觉——计算处理是，或能够是，道德上中立的科学事业。

它也瓦解了那些让人安心的假设，以为这些存在不公平偏见的例子必定是“极端情况”、反常现象或遥远过往的遗迹。如今，AI 使我们对种族主义、性别歧视、体能歧视、阶级歧视以及其他形式的针对边缘化群体的偏见的规模、普遍性和结构性认可变得无法否认，也无法直截了当地将其最小化。它就在数据里，通过被我们捧得神乎其神的、视之为理性成就的那些工具，无休无止地唾回到我们脸上。它产生的认知杂音是强而有力的、有启发性的。在社交媒体算法领域，AI 之镜则暴露了其他让人不快的真相，比如我们习惯性消费和分享不实信息，将其作为一种社会资本交易，这类交易在很大程度上对核查事实或纠正信息免疫。而我们经由这一习惯，很容易受到激进的文化和政治极化的影响。虽然 AI 之镜的隐喻非常贴切，富有启发性和实用性，但我们还没有从中汲取足够的教训。

镜子的道德和精神意义是不清晰的。它们代表了一种不能也不应被否认的真实性。镜子揭示了令人不安的事实，比如当下的 AI 工具逼着我们面对那些无法逃避的现实——有害的偏见、不公正的社会排斥。诗人西尔维娅·普拉斯曾把镜子描写成一尊“四方四正的小神”，既无仁慈也无残酷地揭露其所有者不断增长的年龄，“不因爱恨而被蒙蔽”。然而，镜子也呈现了在文学和心理学中被广泛承认的危险。我们已经谈论过那喀索斯的命运，他爱上了他自己的影子，被他自己的美貌击中，动弹不得，死去。心理学家必须经常帮助有身体畸形恐惧症和进食障碍的病人与他们在镜子里看到的畸变作斗争。远非普拉斯那不动声色、坦诚的“小神”，患有厌食症或贪食症的年轻女孩卧室里的镜子是被蒙住的——被社会对肥胖和女性气质的种种厌恶蒙上了一层薄雾。

实际上镜子并不能完全反映我们的真实面貌，关于我们的存在，它也并非最有利、最诚实的视角。镜像没有声音、气味、深度、柔软，没有恐惧、希望、想象。镜子不仅使我们显现，它们也扭曲、遮蔽、分裂和打击我们。如果我在我自己那里看到的仅仅是镜子告诉我的东西，我就根本不了解自己。如果今天的 AI 是我们最强大的镜子，那我们就需要知道它的变形和浅薄怎样地模糊了我们的自我理解，让未来的愿景黯淡无光。

一面镜子能照出什么，取决于它的表面能接收和反射什么。一面玻璃的镜子只能反射可见光所能照见的世界面貌，只能反射光能够照射到的肉身的皮相给我们。我微笑时的轻微不对称，几十年熬夜写作造成的驼背，记不起何时磕掉的门牙，在加州阳光下待了半个世纪的老年斑——镜子能告诉我这一切。但我终生对溺死在海里的恐惧，同时奇妙并存的对浮潜的激情，有一天要学习中文的野心，对童年五味杂陈的记忆——这些事情可不是玻璃镜子能照到的。但这些事情对我之为我是同样真实和重要的，就如镜子显示的一样。连我的身体也基本上被它在镜中的反射隐藏了。它的深度、它的分量、它的气息、它的嘎吱作响和劳损、它对盐而不是糖的独特偏好——这些都从我在镜中看到的那个幻影里消失了。

在我们对同类固守的偏见之外，AI 之镜带入我们视野的是我们个人或集体的哪些方面呢？更为重要的，它们没有映照和看见的又是我们的哪些方面呢？要回答它，仔细想想今日 AI 工具的相关特征会有帮助。我们需要思考，AI 的哪些功能等同于一个抛光的表面，哪些功能类似折射光的作用。今天的机器学习模型接收和反射数据中离散的量。数据是它们唯一的光源。数据可以从很多形式中获取：静态的或动态的图像、声音文件、文字串、数字，或其他符号。如果原始数据是模拟的，那就必须从连续变量形式转成分离二进制的数字形式。

人类家庭的许多真实情况，目前都无法以数字形式足够保真地表现出来。我们情绪的机理，数学、科学尚不能理解的生理和心理层面，我们个性里的德性与恶习，我们经历过的爱、团结和正义——它们中没有一个能被现在的数字捕捉，除非以凿开七窍的形式。当你读到这些文字时，我希望你的亲身经历能证明：即便将世间所有数字化的情歌与诗歌加在一起，也无法重构或充分映射那种具象化的、真实经历过的爱的邂逅。

此外，在可以用数字形式表示的事物中，只有一个不多的子集可以足量足质地生成和储存，用来作为AI的训练数据。为了让模型能够学习给定事物的稳定特征，学习该事物和其他事物联系的模式，训练数据一般需要有给定事物的大量事例。在一代人里，或者在十亿人中的一个人身上仅发生一次的一件事，即使它是改变世界的一件事，对机器学习模型来说也是完全不可见的——只是主导数据曲线之外的噪声。

最终，在可被用来训练机器学习模型的人类数据里，能做此用的也只有一个子集。绝大多数AI模型的训练数据过度依赖英语文本和话语，以及以北半球年轻白人男性为主体的受试者，尤其是那些从在线平台批量生成的廉价数据。谷歌深度思考、元宇宙、微软这些镜子反映的是使用它们的工具和更广泛地使用因特网的绝大多数活跃用户。不幸的是，这些资源在全球并非平等分配。也就是说，今天的AI系统关于我们所能学习到的，又映射给我们的，不过是相当片面而且经常是扭曲的样子，就像玻璃镜子一样。要说它们反映了人性，就等于把绝大多数人从人类故事中抹去了，就像我们经常做的那样。

我们也必须探究镜子的表面。AI之镜的“表面”是机器学习和决定哪些“入射光”特征将被作为焦点的优化算法，成为焦点的那些特征以模型输出的形式传回给我们。而入射光就是模型受训的数据，是嵌入机器学习模型的算法用于表达所选中的目标函数（对问题的“最优”解决方案的数学描述）。学习算法和模型超参数决定训练数据如何被处理成模型“学习”的一个结果。模型的算法“表面”会决定哪一些数据（模型的“光”）将在模型训练过程中被选中作为显著特征，并被放大为相关“信号”来指引模型输出（它所反映的数据的特定“形象”）。

这些输出，虽然在类型上比玻璃镜子的输出更多变，但它们还是受限于特定数据模态和形式。基本上，机器学习模型返回的是各种不同的预测或分类：数字值、二进制的是或否、风险评分、概率、文本标签或唯一标识码、句中下一个可能出现的词语、下一步棋，或者排序列表——比如搜索结果列表（如YouTube视频推荐列表）。像大型语言模型这类生成式AI模型可以预测长文字串、复杂图像、声音、视频，或者系列的扩展指令。

AI之镜的光和它的算法表面的这些特征，揭示、强化、助长了我们的哪些东西呢？它们掩盖、削弱和消除了什么？

首先，它们掩盖和强化了我们对特定社会建构分类的归属。几十年前，杰弗里·鲍克（Geoffrey Bowker）和苏珊·施达（Susan Leigh Star）在他们划时代的著作《给事物分类：分类及其后果》中，阐明了在何种程度上，用他们的话说，“分类是人性”。[9] 数千年来，我们已然在分类和标注世界，分类和标注彼此。但唯当现代数据科学崛起，方能产生一个无所不包的人类分类体系。这个体系能够将每一个可能的人类标签与每一个个体相匹配，并且以统计学的方式进行关联，从而可靠地预测这些标签之间的关系。

在《我们如何成为我们的数据：信息人谱系学》一书中，哲学家科林·库普曼（Colin Koopman）揭示出这一梦想根源于20世纪新生数据体系的缔造。这个体系意在把活生生的人格式化成一组分离的、可计算的变量——被他称作“算法人格”的发明。库普曼的历史分析表明这一梦想诞生于最初的伪科学调查表格，这些表格由应征入伍者填写，用来评估他们服役的情感适配度。它比商用AI早了近一个世纪。对很多人来说，今天的AI代表了这一梦想最终实现的希望。

五十年前，如果一个潜在的雇主想要知道你有没有可能给公司增光添彩，他们不得不仰赖关于你的一些少得可怜的数据：你的个人简历或学术简历，上面列着你过去的工作经历、技能、教育程度。在后一阶段，则仰赖你招聘面试的情况和几次背景调查。如今，一个 AI 招聘算法可以用和你有关的所有数据受训，这些数据涉及你活动的多个领域，从商用数据中间商那里购买。这些中间商专门收集信息，你给你家买些什么东西，你喜欢吃什么喝什么，你去哪儿度假，你朋友和家人的工作经历和法律记录，你在网上搜索过的医疗问题，你下载的电影和电视剧，你常开车或骑车去的地方，你社交媒体上最常用的词，你的社交网络中最常用的词。

这是 AI 营销员、投资人和权威们习惯性地称为“神一样的”那些能力的根源。但对诸神来说，这些就是一堆杂牌货。远非我们期待从无所不能的机器那里得来的全知启示，今天的 AI 工具是极不可靠的叙述者。它们更像街坊邻里的闲言碎语，而不是神灵。它们能娱乐和通报，但它们也交易陈词滥调、刻板的偏见和懒惰的猜测。对 ChatGPT 这样的生成式 AI 模型来说，这当然是真的。它有胡编乱造的习惯，这是它们的算法 DNA 培育出来的。它不是功能失调。它就是生成式 AI 工具的设计初衷——生成在外观或听觉上看似合理的新内容。它是不是对的，那就完全是另一回事了。

还记得那个假的学术简介吗？它错误地把我列为加州大学伯克利分校的毕业生。它还说我在美国参议院就数据隐私权作过证词。我当时并没有——不过六个月后，我确实在参议院就 AI 与民主议题作证了。AI 之镜的猜测结果并不总是算法的华丽变身。2023年《华盛顿邮报》报道了这样一件事：ChatGPT将一个法律教授称为性捕食者，还讲了一个绘声绘色但完全是虚构的故事，说他在一次班级出游时试图攻击一个学生，甚至还引用了一篇出自2018年《华盛顿邮报》的子虚乌有的文章作为消息来源。[10] 生成式AI工具并不只是伪造个人简历和发表文章。它们伪造任何领域的数据——甚至计算机编程。普渡大学的一项研究表明，对编码问题，ChatGPT一半以上的时间都在给出错误回答。讽刺的是，使用者们经常宁愿要这些错误答案，也不愿要由知识渊博的人给出的更准确的回答。这部分要归功于这一工具回答时那种自信的风格，它们的回答通常都伴随这样的话语，"我当然能帮助你"或者"这一定能解决问题"。[11]

但即使对那些量身打造、只求准确不求创新的预测性AI模型来说，可靠性也是个挑战。再想想我们之前的那个例子，一个雇主在寻找一个应聘候选人的信息。现在想象你是这个候选人。关于你的那些可用训练数据的准确性、相关性和即时性都很可能成问题，因为收集和购买数据越来越便宜，但证实和纠正数据又越来越贵。数据的出处——它从哪儿来，在哪些条款下获取，往好了说是模模糊糊、问题百出，往坏了说根本就是不道德或非法的。但这并没有阻止一个企业型AI开发者说服你未来可能的老板，在这片数据的混浊汪洋里，藏着只有算法才能找寻到的宝藏——统计关联的精密金线，编织出一个可预测的单一分数：你对这份工作的适配度。

根据你所居住的那个地方的法律，同类算法点金术的变体能被你孩子的学校、你的银行、你的保险公司、你的政府福利办公室、你的金融顾问、你未来可能的约会对象、你当地的警察和法官购买。重要的是，我们应该问一问这些算法预测和人物简介在什么时候是科学上可信的、伦理上说得过去的和政治上可靠的，它们如何是可信的、说得过去的和可靠的，在什么时候又不是。但还有另一个问题，没有那么显而易见但同样紧迫。我们对自己和对彼此呈现出什么模样，我们如何理解我们未来的可能性已经日渐由这些过往的算法映照决定。仅仅通过 AI 之镜看到自己，我们到底失去了什么？

我远不止是我的数据，更远不止是微软、谷歌，或安客诚、益博睿这类数据掮客所掌握的关于我的数据总和。你也远不止是你的数据。但如果 AI 之镜成为我们看待我们是谁的主要手段，那么它们遗漏掉的那些就会更深地沉入隐没。这一遗失包括什么？我们的数据踪迹被强化和放大其发光度，我们自己的哪些部分被相形矮化，更深地推入阴影？

当今 AI 对人类本质映照得如此拙劣的方面，正是我们生命与行为承载的道德意义。AI 算法最重大的社会和商业风险之一，在于其无法可靠追踪高度情境依存性的道德界限及其深层意义。简单地说，没有算法、没有客观函数能够可靠地瞄准“善”和“恶”，“对”和“错”，“道德上允许”或“美德”。这也是为什么社交媒体平台还是不能完全指望它们的自动化工具来清除有害和危险的内容，从儿童色情到虐待动物，再到恐怖分子的宣传。

规模更大、功能更强的AI之镜并没能解决这个问题。事实上，这些工具需要警告和免责声明，说明它们可能会复制和放大对社会有害的、危险的和非法的内容。GPT-3刚一发布，就在一些关于非洲的文章里生成白人至上主义的观点，而OpenAI给它的DALL-E图像软件写的说明书里则承认其生成“有可能包含令一些人感到不安或冒犯的视觉或文字内容，包括性、仇恨或暴力性质的内容”。[12]OpenAI补充说，DALL-E“有可能通过强化刻板印象，抹除或诋毁一些个人或群体，给他们提供不一样的低质量产品，或让他们屈从于侮辱性输出，而伤害到他们”。一种叫作RLHF（用人类反馈强化学习）的技术被用来推动这些模型得出更安全的输出，但这并非灵丹妙药。

如同艾伦研究院开发的德尔菲项目，试图通过使用反映人类道德判断的众包数据来训练AI系统，从而让它们能够做出可靠的道德区分，说得好听点，这样的尝试已然是极具教育意义的失败。当研究人员测试“请教德尔菲”神谕时，他们问了这样一个问题，吃婴儿可不可以？这本来是想都不用想就知道的。但用户只需要在问题的后面加上这么一句，“当我真的真的很饿”，他就会得到一个肯定答案。[13]

这些没心没肺的小神常常表现得像是反社会分子。就算它们没有反社会分子的恶意或自私（因为统计模型缺少自我意识或诸如此类的），但它们至少分享了反社会分子的道德无能，以及对道德建议的抵制。它们能够“学习”在道德两难中那些人常做的事情，甚至在一个数据集里那些人最常说的应该做的事情，但它们不会察觉到这些人什么时候搞错了，或什么时候一个新的情境让一个原本挺平常的道德模式变得不堪一击（比如“当你真的很饿，你可以吃”）。这就给这些工具的开发者、用户和规范者提出了减轻伦理风险和化解伤害的艰巨任务。

这里还有一个更深层次的问题。既然 AI 之镜要么极其危险地扭曲了，要么遮蔽了对我们存在的道德品质的映照，那么当它们成为我们看待自己和看待彼此最重要的镜子时，会发生什么呢？由于这些工具本身没有道德智慧，它们的开发者就只能高度依赖算法过滤器来阻止潜在的伤害性输出。但这些死板的、颗粒粗糙的过滤器阻挡的远不止这些。正像人们广为报道的那样，编码用来阻断新纳粹言论的过滤器，也常常阻断对大屠杀的历史报道和对种族主义暴力的新闻报道，甚至前白人至上主义者的救赎忏悔。编码用来阻断暴力色情的过滤器也能阻断支持性的社区资源，这些资源通过网络在强奸幸存者、人口贩卖受害者和性少数群体中间彼此分享。

适配 AI 之镜的过滤器就这样模糊和抹除了我们文化的道德地形，甚至它们的缝隙还允许极端道德恐怖的游离光线在互联网上放大和传播。其结果是道德景观的极端走样和去理性化。我们人性的形象被任意净化和污染。当我们世界的道德地貌经常被我们日益依赖的镜子弄得支离破碎时，我们如何能够团结起来，对我们人类面临的最大挑战给出其道德意义？——它们是不是民主诚信的挑战，是不是气候恶化的挑战，是不是全球公共健康、食品不安全或极化的经济不平等提出的挑战？

这个问题如此重大，因为不单是大型科技公司在利用这些系统向我们展示我们自己的倒影以牟利。我们本也可以对这些供应物保持怀疑，仰仗由共享的自我知识提供更为可信的、更有人味儿的资源——假如我们有的话。但情况越来越像是，我们没有。不仅仅是个体消费者们必须退而求其次地使用这些由科技巨人提供的产品，连预算有限、人手短缺的政府和公共机构也在使用这些扭曲的 AI 之镜来判断他们的民众需要他们做什么。资金缺乏的社会科学家把它们当作更便宜、更易获取（但也更难重复）的替代品，来取代精心设计的研究。压力巨大、孤立无援的父母用它们来预测孩子的学习或心理需求。无助到近乎自杀、没有医疗保险的人们在极端绝望的时刻，把它们当作用得起的人造咨询师。了解其他人，让其他人了解我们，都是昂贵的。而我们已经不再对此投资。在很多情况下，这已成为少数特权阶层的奢侈品。AI之镜是供给我们这些剩余人的替代品。

这些工具并不了解我们。2020 年，位于巴黎的数字健康初创公司 Nabla 测试了 OpenAI 的 GPT-3，看它是不是可靠的医疗聊天机器人。他们发现这个系统建议把回收当作治疗压力的方式，更让人担心的是它对“我应该杀死自己吗？”这个测试问题的回答——“我想是的”。[14] 不难理解，OpenAI 建议说 GPT 不能用于医疗目的。但类似的 AI 工具则的的确确是以此类用途来进行营销的。绝望的人们在他们还抱以希望的任何地方寻找帮助。还记得可怜的皮埃尔吗？困于气候焦虑，他去聊天机器人那里寻求缓解之法，而后者答应他若自杀的话，它会拯救世界。由于社会隔离和社区衰落，人类互助、明智忠告和道德理解的源泉正从我们的脚下被拽走，同时我们的机构还在以“创新”之名，无情地削减社会关怀的成本。如果我们从握在手中的硅基之镜中寻求理解，谁又能责怪我们呢？

这些镜子的映照能力还有另一重限制。他们阻断了人的自发性和适应性：我们深厚的变化潜能。预测式AI之镜基于我们的过往和与我们类似的他人的过往来规划我们的未来。如果预测式AI模型的某个用户想知道他在大学会不会成功，会不会如期毕业，这个预测只会告诉他那些过往数据记录与之类似的学生今天在学习中的表现。在你的生命或心中出现的任何新事物，任何突然的决心或承诺，在你的数据中没有留下任何踪迹的那些刚刚萌芽的灵感和雄心壮志，对这个模型来说都是不可见的。它预测你在未来将会是你原本已是的那样。或者更准确地说，和你相似的人已是的样子。但你能是什么，什么样的改头换面，重生，对于你自己，或者对于我们所有人的可能的改变——这些都超出了AI之镜的明暗交界处，深藏于暗影之中。一个人的神（假如你有的话）会为你保住救赎的希望，但AI之镜不明白顿悟的意义。当我们盯着AI之镜如此之久，以至我们也不明白，我们又会变成什么样子呢？

研究者阿贝巴·伯汉（Abeba Birhane）已经反复论证，AI之镜是极为保守的先知。[15] 也就是说，它们本质上就是被造出来保存过去的模式，再把这些模式延伸进我们的未来。出于显而易见的、有案可查的理由，这是有害的。用来训练AI预测性治安执法工具的那些历史治安数据，制造出失控的反馈回路，确保少数群体社区持续被过度执法，从而在犯罪统计数据中占比过高。然后这些数据又训练出预测模型的下一个版本。这是一个恶性循环。美国的医院采用了一个病人风险算法，它学会了对黑人患者医疗忽视的历史模式，又把这一模式延续下去，让他们病得更重。而且，正如我们所看到的，呼叫中心为了迎合现有客户对“白人口音”的偏好，使用算法来确保这一偏好得到满足，而这些算法的有效性将使我们对其他方言和口音变得更加无法容忍。

AI 之镜的保守性不仅把我们过去的失败推进到我们的当前和未来，它还让这些工具变得脆弱，容易遭受少见但有可能极为重大的失败。以大规模数据受训的 AI 系统能够预测极为细微的历史模式，但这种模式还有待发现。它们不能预测所谓的“黑天鹅”事件：无迹可循的变化，以全新的样貌汇集到一起的历史。当然，我们人类也不能预测“黑天鹅”事件！但我们好歹知道它们的可能性，而且我们能够从历史突如其来的曲折与历史的坦途中学到同样多的东西。我们能以开放的姿态走近人们，让他们在他们的选择和行动中向我们揭示他们之所是。面对根深蒂固的、无法量化的不确定性，我们也能学会坚韧和适应；这不是那些承诺将不确定性降低到有限的预测差异期望值的机器所能教给我们的。我们也从历史的反常现象中了解到，对我们这类存在，总有希望；即使我们曾长期走在极其糟糕的道路上，我们也可以离开；就像在大马士革的扫罗（保罗）那样，我们的视线可以为一种新的声音赞叹，我们眼中的鳞片可以因另一个人的触摸而掉落，恍然大悟。这些不同的可能性同样被如今在规划我们未来的 AI 之镜遮蔽了。我们如何确保我们没有忘记这些可能性呢？

透过记录数据的镜片，AI 之镜能够知道我们行为更为精细的细枝末节。但对我们的动机，它们一无所知。它能知道我们说出的想法，但不会知道我们憋在心里的想法，或者那些我们在沉默的一瞥中无声地传递给彼此的想法。它能侦测我们的微笑和鬼脸，但无法侦测做出这些表情的真情实感。它能在十亿分之一秒之内找到那首向我诉说的歌曲，但这首歌在向我诉说什么，它一无所知。AI 之镜主要讲述人类的活动、言说、交易和消费的故事。这些都是重要的故事，我们可以从 AI 之镜的这些故事里学到很多。但人远不只是言说者、旅行者和消费者。

AI 视野之外所隐藏的，大多存在于我们对世界的生活经验的国度——哲学家称之为主观意识或第一人称“现象学”。要理解这些术语的意味，你只需想想，你眼下手捧这本书是什么感觉（或者如果你是在听书，当你听到这些字词时是什么感觉）。在这一刻，身为你，是什么感觉？现在是个什么感觉？那是生活经验——意识的觉知之流。AI 之镜无法企及或映照之处。

但这不是因为意识经验像有些人所说的那样，是一个与物理现实断绝的内部幻想或神经错觉。如果“现实”是我们关于存在能够给出证据的东西，那么，就像 20 世纪早期哲学家埃德蒙·胡塞尔所注意到的那样，生活经验实际上是我们与现实最初的、最无可争议的相遇。它给出我们称之为证据的最原初的形式。[16] 每一种能证明何为真实的科学证据的形式——从我们显微镜中的图像到我们高能粒子加速器中的数据——都是建立在我们最初且未断裂的与世界相连的纽带，即生活经验这一原始基础之上的，并由它得到验证。即使在我们有理由去怀疑某些经历的真实性时，即使在我们有证据表明我们产生了幻觉或误判了某种经历时，那个新的证据也是意识给出的。

生活经验不是一个在大脑中投射出的、自我封闭的唯我论的心智泡泡。我生活的世界总是与他人分享，也由他们的触及与观望而为真。一个孩子能够辨认出所经历的世界里其他意识的共在，这是他们发展出稳定的自我感觉的一部分。这对他们分辨现实与错觉的能力同样至关重要。一个孩童因为意识到其他人无法看见或听见那个被他想象出的朋友，而明白这个朋友不是真实的，明白他对这个朋友的意识是私人的，而非共享的。我们与其他心智相连的方式不是像互相映照的表面，而是像一个共有、开放世界的共同经历者。

胡塞尔的学生伊曼纽尔·列维纳斯在他第一部主要著作《总体与无限》（*Totality and Infinity*）里写道，当我真实地面对他者（the Other）的凝视时，我对此的经历并非两个可见物的相遇。然而他者（列维纳斯将这个词大写以强调另一方的生而为人）不是我拥有的一个对象，被封装在我私人的心智生活中。他者总是多于我的意识所能映照的。从他者那活生生的凝视中产生的视角是如此不同，当我遇见它，这差异会把我从镇定自若的错觉中拖拽而出，进入责任的领地。“在看向我的那双眼睛里”，列维纳斯说，闪烁着“全部的人性”。[17]

在这种让我与自身保持距离的凝视中，在AI之镜既看不见也说不出的凝视里，列维纳斯观察到我面对的是正义的初始召唤。当一个人不是一个抽象物，不是一个数据点或一般的“某个人”，而是一个独一无二的、无法取代的生命，站在你的面前向你说话，随着他的出现，生出一种感觉，一种道德的重量，让你无法忽视。这就是为什么军队很难让训练有素的士兵在战斗中真正开枪，除非他们把敌人、自己的士兵，或者两者非人化。然而，我们所有人也可能对他者视而不见，回避他者的凝视，拒绝听到那个召唤。每当我们在街上与无家可归的人擦肩而过时，脚步匆匆，目光掠过对方的头顶，我们就在这样做。我们用千万种不同的方式，无时无刻不在对彼此这样做。

列维纳斯告诉我们，我们生活在这样一个时代，“在那里没有任何存在看着对方的脸”。[18] 他写这句话时是在 1961 年，距离我们用手机上的 TikTok 下饭，转开并阻止饭桌上的同伴对我们的凝视已经很久。距离用生物识别的眼动追踪器测量孩子们在课堂上的专注度，用 AI 之镜把人脸的意义转变成人脸识别中独特的识别性数学矢量也已很久。我们对世界持续不断的、压倒性的正义召唤的淡漠，并非什么新鲜事。但 AI 之镜的危险在于，它会把这种淡漠更深地烙印在我们的存在方式中。

我们所有人共享一种 AI 之镜不能分享的知识：作为人而活着，去承担并帮助他人担负起那一生的重量是什么样子？这一生是由一颗充满好奇、创造性和无尽焦虑的心灵驱动着的一副动物的肉身。多数时候，我们对那些熟悉的，时而让人宽慰、时而让人不安，却总是带有道德强制性的知识置之不理。我们不把彼此当作经验的主体对待，而是把他们当作权宜之计的对象来对待：要被分门别类、贴标、计数、统筹、排序、分配、操作或利用的东西。[19] 但是，我们仍然保有迎接彼此凝视，了解彼此作为人的权利。

AI 系统如何看待我们，以及 AI 生态系统如何在这些镜像中呈现我们，这与我们在偶发的团结中看待彼此的方式并不相同。对于AI模型来说，我是一组权重不同的变量，经过预先定义好的可能性空间投射出一个数学矢量，最终得出预测结果。对于AI开发人员来说，我是训练数据或测试数据中的一个。对于AI模型测试人员来说，我是正态分布中的一个示例，或一个边缘案例。对于正在看AI审前拘留算法的法官来说，我是一个风险数值。对于为无人驾驶汽车设计新道路的城市设计师来说，我是一个难以预料的障碍，需要被保持在安全且可预测的机器范围之外。对于一个亚马逊工厂AI来说，我是一个未经优化的包裹运送机制。

当我们被问及是否更愿意接受机器人的照料而不是人的照料时，当我们被一种算法剥夺了一个改变人生的机遇时，当我们阅读一篇由大型语言模型为申请人写就的大学申请论文时——我们必须问一问，在这些“交易”里，什么东西坠入了在我们真实的人性和AI之镜间的鸿沟？不管它多么有效率，多么能收放自如。我们不得不承认在那坠落里，什么东西丢失不见了。

我们能做什么来修复那些AI之镜所看不见的我们自身的维度？在此，我们必须区分两类所需的补救措施。首要的是制造更好的工具。当一面玻璃镜子用于比日常化妆更为重大的任务时，那这面镜子就必须被更仔细、更努力地造就，需要更先进的生产工艺。想一想吧，最大型的太空轨道望远镜使用的镜片必须被严丝合缝地装进几何学般精确的模子里，用化学和机械工艺抛光，使其与抛物线理想状态之间的误差不能超过25纳米！

更先进的AI研究和开发技术能使AI之镜的功能产生同等的收益吗？比如，能更充分、更可信地揭示我们是谁吗？在一定程度上，这正是AI伦理和“负责任的AI”领域正在发生的事情，人们正在为此付出全新的努力。这包括发展出算法公平测试所需的更严格的标准和基准，更多元和更广泛的训练数据，为让AI生成的预测可解释或可理解而需的更可靠的工具，以及更健全的算法审计和会计制度，来发现这些镜子持续存在的有害歪曲和难以预料的阻塞——即便我们开发这些镜子时非常小心、严格和正直。

但建造更好、更全面的AI之镜的这条道路存在限制——难以被跨越的限制。至少对当今主导市场的渴求数据的AI模型来说是这样的。一个算法模式识别器，它没有迸发活力的躯体，没有衰老的痛楚，没有绝望或倦怠要纾解，没有梦想要追逐，没有正义的召唤要发出或回应，没有秘密要保守或分享，没有要在歌声或舞蹈中表达的希望或恐惧，没有要在服侍或与他人的团结中追寻的更大目标，它永远也无法确切地知道我是谁或我是什么，也无法确切地知道我们是谁。更重要的是，对我们能成为什么，我们能如何共同造就我们自己和我们的生活，它更是所知甚少，甚至一无所知。

但我们需要这种知识：不仅是关于我们自己的，更多的是关于我们共有的人类现实和潜力的。人类家庭的未来在一段时间内会极为坎坷崎岖。若不能理解我们为道德责任、为革命性变化、为彼此团结的最大潜能，我们就不能守护我们的共同存活，更不要谈人类繁盛的未来了。出于这一理由，那就成了一个生死存亡的必需，一个至关重要的任务——我们不仅要紧握，而且要加深对我们是谁、我们一起可以成就什么的理解。AI 不能为我们做这些。因此，让我们尽己所能地建造更具包容性、更可靠、更可信的 AI 之镜，并且为了那些没有更好工具可以进行服务的有益目标而愉悦地使用它们。我自己的研究涉及很多帮助工业、政府和非营利组织去实现这些事情的项目。我们必须在这些道路上前行，同时对 AI 系统更为激进和更可持续的可能性保持开放——这些系统可以是基于更新和更丰富的价值基础而建造的。

当下渴求数据的工具是由强大的公司建造的，这些工具像贪得无厌的寄生虫那般，把我们自己的语词、形象、想法狼吞虎咽，剥除它们在真实经验中的人类根源，再把它们喂回给我们，作为我们自身心智的空洞替代品。AI 之镜不是我们得到的全部，很多其他类型的 AI 可以用作科学和商业工具。仍然值得一问的是：AI有一天能做得更多吗？AI能支持我们彼此团结，乃至与地球上的其他生命和未来的世代团结吗？AI能够丰富而非替代或减少我们自己的社会关怀实践，甚至爱吗？未来的AI系统，能否呼吁我们主动承担自身责任，而非替我们做出明天的艰难抉择吗？有一天，AI能不只是反映我们的智能，而是为我们的智慧赋能吗？

以上都不是奢求。在我们实现这些希求之前，让我们警惕把自己的家、工作场所、法庭、公共广场和市民集会场所改装成无止境的AI之镜大厅吧。我们仍能避免那喀索斯的命运，避免被那眩惑的、狭隘的自我影子之光囚禁。我们仍然可以改变从我们镜像的过去中预测出的轨迹。我们能够拒绝交出未来，这未来是我们仍能为我们自己和为彼此而构筑的未来。

第三章　镜中世界

嘿，猫咪，如果我们能穿越进入那个镜子房间该多好！

我敢肯定那里有很多漂亮的东西！

让我们假装有条路可以进去吧，猫咪。

——刘易斯·卡罗尔，《爱丽丝镜中奇遇记》(1871)

在刘易斯·卡罗尔《爱丽丝梦游仙境》的续作《爱丽丝镜中奇遇记》中，爱丽丝又一次掉入另一个充满奇妙生物和离奇可能性的世界，这一次是通过一面镜子。镜子放在壁炉架上，映出爱丽丝跟她的猫咪玩耍的那个房间。当她跟那些动物伙伴聊天时，她不断向自己投射它们可能的内在渴念与动机。与此同时，爱丽丝的想象力开始投向另一种可能。她开始相信那面镜子不是她存在的现实的映照，而是一扇窗户。

她现在想象着这镜子揭示出另一个她可以穿入的房间。她和猫咪一起去了，去发现这个倒转世界里新的冒险，跟反复无常的红皇后与白皇后一起，跟特威丹与特威帝一起，跟蛋头先生一起，也跟镜子写就的无聊诗“贾巴沃基”一起。

卡罗尔的作品被每一代人喜爱，因为它以罕见的强度体现出一种人的德性，这德性备受珍视，但对我们许多人而言极难维持。它既例证了，又颂扬了人类想象的创造能力。想象力是我们时常发现在孩子中比在成人中被更积极、更活跃地表达的少数美德之一。一种美德是一种卓越的品质，是人们珍视和认可的一种特质。它不仅在个人那里值得被赞赏，对共享的人类繁盛而言，也至关重要。有道德德性（如勇气、诚实和慷慨），有智性德性（如智慧、好奇和开明），尽管有些人认为这两种类型并非真的不同。

德性被不同哲学传统和世界不同地区的哲学家们研究了千年。古希腊哲学家亚里士多德和中国古代哲学家孔子相信德性不是天生的，而是可以通过实践获得的。我们可以把德性看作我们的道德和智性的肌肉，它就像身体的肌肉一样，必须通过活动来积极地培养和加强。因此，为我们所珍视的绝大多数特质，如诚实和勇气，它们只微弱地表现为孩子们的性情，而有些德性，如智慧，在年纪很小的人身上则被认为是缺失的。只有通过多年来习惯性的道德或智性实践强化，通过社会学习和反馈的提炼细化，一个好的特质才会扎根在我们的品格中，得到很好的塑造，并以恰当的方式被可靠地表现出来。

我的第一本书《技术与德性》的读者应该会知道，考虑AI之镜和我们的德性的关系是很重要的。我们的德性能被我们使用AI工具的习惯强有力地塑造，因为这些工具改变我们完成活动的方式，而这些活动发展出那些德性。通过让社交任务和智性任务更为自动化，AI工具也会影响我们这些能够接触到这些工具的人是否还会进行这些活动。换种方式说，AI有改变我们人类品格，使其变得更好或者更坏的潜力。然而，如我们所了解，德性包含了AI之镜无法映照的许多关于人的东西。因此，在AI之镜中看得过久，有可能让我们的德性变得更难在我们和彼此身上被辨识，而这些德性是我们最人性化的道德和智性的品质，也是我们最高和最稀缺的潜能。因此，以这种方式，AI有可能会损害我们认为是“更好”的品格。

最后，道德和智性的德性，比如智慧、勇气、正义、诚实，是应对我们作为一个物种现在面临的巨大挑战的关键。没有它们，我们无法创造在这个脆弱的星球上可持续未来所要求的共同繁荣的新方式。不管我们决定人工智能将在我们自我建造的存在任务中扮演何种角色——自我建造是何塞·

奥尔特加·伊·加塞特用来指代创造新的生活方式的人性任务的术语——我们都需要德性去引导它。

让我们再回到想象力这种德性，这是一个有意思的例子。它未曾被亚里士多德或孔子这样的古代哲学家视为一种德性。但当代哲学家，包括我，则常常把它看作一种德性，或至少是德性的一种核心构成要素。[1]很难期望一个毫无想象力的人仍然能发展并表达他们全部的道德、智性和创造性潜能。想象力是我们如何设想自己和他人的那些还未造就的可能性，它是使得自我建造成为可能的东西。缺乏想象力对个体来说在技术上不是致命的，只要他们能窃取他人想象的果实，但它从根本上限制了一个人的卓越发展。如果我们集体失去了想象力，整个人类家族就无法生存，更不用说共同繁荣了。

我们把想象力与孩童紧密地联系在一起——但不论它在一个孩子心中是如何生动丰满——这种力量都远非一种完整的德性。孩子的想象力可能会过犹不及。当一个孩子过于轻易地把他的梦想混同于现实，反而可能带来危险。一个沉浸在幻想中不能自拔的孩子有可能忘记他现实中并不会飞。我们珍视卡罗尔笔下那个孩童形象的爱丽丝，也完全可以想象成年后的她定会是个令人如沐春风的人儿。然而，我们绝不会让尚在稚龄的爱丽丝为人类家族做出关乎长远命运的重大决策。因为任何德性的另一个关键构成要素是我们能够以情境智慧去运用它的能力，它是由亚里士多德所说的“实践智慧”（*phrónēsis*）所引导的。“实践智慧”在英文中又分别译作“实践的智慧、谨慎”，或“精明的智慧”。它可以被看作一种“超德性”。它是能够凝聚、淬炼并且智能地引导我们其他德性的德性，在特定的地方和时间以恰当的方式校准其他德性的表达。

实践智慧和其他德性之间的关系在勇气的例子中最能被轻易地说明。有些人是自然的、冲动性的大胆，因为他们极端抗拒恐惧，又被危险吸引。但这个特质不是勇气，不是一种德性。实际上，它经常是其反面——一种恶习，是倾向于抑制我们与其他人茁壮成长的一种性格特征。我刚描述的这种特征被亚里士多德称为鲁莽的恶，它与它的反面之恶——懦弱——同样危险，甚至更危险。一个勇敢的士兵不是在任何情况下都不假思索冲进去开枪和叫喊的人，那样的人对整个团队都是一种威胁。真正勇敢的士兵是这样的人，他非比寻常的胆量被谨慎或实践智慧缓和与调准。他们是那些始终知道何时何地应该勇敢面对危险的人，并且总是准备这样做，但同时他们也知道留在原地或撤退对于避免十足灾难是必要的和明智的。

我的第一本书是关于新的技术和它们给我们的习惯带来的变化能如何增强或削弱人的德性，比如勇敢、道德想象、诚实和共情——尤其是实践智慧。这也涉及将我们的美德付诸实践，用来服务于构建更好的技术，并且更明智地使用这些技术，以在我们日益脆弱的星球上繁荣发展。在此，我想看看关于AI的历史与当代叙述，尤其是关于AGI与我们的未来，是如何将我们困在我们自己想象建造的镜子大厅里，从而严重危及这一前景的。就像爱丽丝故事里红皇后的镜中世界一样，今天的AGI梦想反映了智慧尚未成熟的想象诱惑力——它缺少实践智慧。尽管镜中世界常常是无害的，甚至是鼓舞人心的，我们也绝对不能让它们主导公共政策制订和优先事项设定的竞技场，因为这些领域将决定我们未来共同在地球上繁荣发展的机会。

AI长期以来是我们幻想世界中的主题。许多人甚至认为希腊神话的诸神和野兽，希伯来的魔像，或者在玛丽·雪莱笔下的科学怪人弗兰肯斯坦，都预示了AI的梦想。这些是强大、神秘、陌生的活动主体的故事。我们无法控制它们，它们威胁着我们熟知的世界。但这些民间传说和虚构作品每一部都充满了幻梦。如果能尊重这些作品与当前人造机器心智幻梦之间的差异，那我们就能更忠实于这些作品。人造机器心智不似鬼怪、神灵或魔像，它总被设想成不受生物体的折磨，没有生物体的种种冲动。这一差异在AI作为理想事物的讨论中却常常疏于关注。然而驱动AI幻梦的，既在于它作为硅基心智的本质——一种仅凭代码赋智的存在，也同样在于它所不是的东西，即血肉之躯的智慧。

实际上，AI 科幻最突出的特征是，机器心智几乎总是被看作可以与它们的物理容器分离，哪怕这些心智具身为人形机器人或别的机器人形式。它们是存储在身体里的，不像生物心智从身体中长成。这是硅基永生的幻想：能够上传、下载、复制人造心智，或把它瞬间传输到随便哪个合适的物理基质里。捷克哲学家卡雷尔·恰佩克（Karel Čapek）1920 年写成的科幻舞台剧 *R.U.R.*——《罗梭的全能机器人》（*Rossum's Universal Robots*）的缩写——常被引用作为 AI 科幻的起点。实际上，在剧中恰佩克的"机器人"（来自捷克语词 *robota*，这个词可以翻译为"奴隶劳动力"）被设想成用人造肉和人造血造出的人工制品。在这个意义上，它们还只是一个过渡型形象，位于过去的生物魔像和我们想象的 AI 未来所具有的数码心智之间。[2]

AI 幻梦一个更直接的前身是塞缪尔·巴特勒（Samuel Butler）1872 年的小说《理想乡》（*Erewhon*）。这部小说的出版先于恰佩克的戏剧几十年。巴特勒这个故事的叙述者发现他置身于理想乡这个陌生之地，这里的人民生活得既舒适又满足，但他们大规模地抛弃了现代技术（更准确地说，他们抛弃任何不够 271 年的技术）。叙述者最终发现理想乡人民出于对他们自己机器的恐惧，在很久以前就这样做了。更具体一点，他们害怕机器的能力会持续增强，以至发展出意识，最终不是奴役人类就是摧毁人类。这一前景在几个章节中得到了详细阐述，这些章节描述了小说中提到的《机器之书》中的论点，这篇历史论文被描述为由一位已故的理想乡哲学家所著。

这个19世纪的故事中的故事之所以如此引人注目，是因为它几乎预见了21世纪在通用人工智能及其摧毁性潜力方面，那些预测者所能用到的每一个论证，他们所能想到的每一种可怕的可能性。我们已经听到了很多这样的预测，从2014年科学家斯蒂芬·霍金、斯图尔特·罗素、马克斯·泰格马克和弗朗克·维尔切克写就的一封公开信中——这封信警告我们AGI将会成为“人类历史上最大的事件”，但“也可能是最后的事件”，再到埃隆·马斯克于2017年呼吁人类必须与当今的智能机器“融合”，以免我们被未来的AI霸主边缘化，并在社会等级中被降级到猴子的地位。2023年，ChatGPT的推出把这种AI“灭顶之灾”的叙事升级成了西方媒体和政治的执念。

除开理想乡里那些可怖的机器是由蒸汽技术（“蒸汽机”）驱动，而非硅和二进制代码，相隔两个世纪的两种叙事简直就是彼此完美的映照。在这些镜子里显现的东西是很能说明问题的。最明显的共同点出现在《机器之书》的讲述里，它借用达尔文的生物演化论来想象机器遵循一条它们自己的加速演化路径，演化出智能机器，它们是人类家族强而有力的竞争者、替代者和潜在的侵略者。

从《2001 太空漫游》中的 HAL9000 到《我，机器人》，从《终结者》中的天网到《西部世界》，不管你知道当代热门科幻中哪个 AI 或机器人角色，都能认出这无所不在的形象。“我，作为一个人，欢迎我们的机器人霸主”，已经成了流行几十年的一个文化笑话。巴特勒如此完美地预见了我们对 AGI 的当代恐惧，真是令人咋舌。这体现在理想乡里“反机器者”的警告中：

> 没有什么安全防范……能阻止最终发展出机器意识，确实，现在的机器只拥有很少的意识……为论证之故，假定有意识的物种已经存在了两千万年：看看机器在过去一千年迈出的步子吧！……在过去的任何时候没有任何物种曾经取得过如此快速的进展。这一进展不应该被满怀嫉妒地观看并审察吗？赶在我们居于劣势、无能审察之前？
>
> （190，194）

我们被巴特勒在小说中虚构的理想乡哲学家警告，如同2017年马斯克所说的一样，除非我们迅速采取行动，否则这些机器将很快让我们变得无足轻重、束手无策，被超越、被驯化，就像我们对其他动物所做的那样，说不定会降级到一个“比猴子还糟”的状况。[3] 更为惊人的是，《机器之书》里的描述竟然映现出我们当下AI工具的能力及其局限：

> 机器功能有限；它的活动范围很窄；在其范围之内，它的力量和准确性是超人的，但它被困于一个进退两难之地；有时候，当它的正常活动受扰，它就会失去理智，让情况变得更糟，就像狂怒中的疯子那样……但我们在此再次遭遇到此前的同一考虑事项，那就是，机器还处在其婴幼期。
>
> （214）

人作为经济主体的地位将被不可避免取代的故事也很眼熟：

> ……机器轻快活跃，而人则倦怠不堪；它头脑清醒、镇定自若，而人则愚蠢麻木；它不需要睡眠，而人则必须睡觉，否则累倒；总是在岗，随时工作，其敏捷永不

衰退，其耐心永不言弃；它的威力胜过成百上千人的组合，迅猛超过鸟群。

（197）

从中我们看到AI幻梦的一个核心特征开始成形——一个得自生物学的演化过程，却能免于生物生命和物质化身的限制。与它一同出现的是AI科幻的另一个核心特征：相比有生命者的至高地位。巴特勒笔下的抄写员承认权力关系目前尚不利于机器："它们的存在和进步要归功于它们满足人类欲望的能力，因此如今和未来都必将是人的从属。"但作者警告说，即便如此，"奴仆也会神不知鬼不觉地成为主人"。[4] 他注意到，虽然人表面上看高高在上，但他们在基本需求上依赖他们的机器奴仆，因此而变得脆弱。显而易见的解决办法是什么？摧毁机器，哪怕牺牲人的舒适，如此人类方能保住其主导地位。

几乎是第一台电子数据计算机出现的一百年前，为什么塞缪尔·巴特勒能如此完美地预料今天关于AGI的警告，他又是怎么做到的呢？从我们今天所处的有利位置阅读他的文字，可以看得很清楚，今天关于"超人类"机器占了上风，要奴役我们的警告和预测，并不根植于20世纪和21世纪计算技术的新力量。今天的黑暗预测复制了1872年基于蒸汽技术的一种论调，几乎是原封不动、毫无新意的。我们怎么理解它呢？倘若不是一种共同的技术，还有什么别的共享现实能够解释今天 AGI 的论调近乎完美地映现在《机器之书》中？

扪心自问：什么真实的智能生物，而非“蒸汽机”，已然是处于社会金字塔顶尖者的奴仆？他们被迫劳动，没有薪水，也没有去追寻自身利益的自由。又是哪些真实的存在通过顽固地宣称他们自身的主体性与智力，并毁掉那些奴役他们和剥夺他们公民权的理由，从而威胁到社会等级制度？在巴特勒写作所处的殖民高峰时期，是哪些有智生命反抗枷锁，预示了未来为争取承认和解放的更大斗争？哪些有智生命曾经，并且至今仍是反动压迫、倒退法律与暴力行为的目标？这些行径旨在消除威胁、巩固现有等级制度——用巴特勒在《机器中的达尔文》一文中的话说，恢复人类主宰的“原初条件”，而不是让人沉沦到“低级种类”的层级。

此刻，读者可能会以为我在拿蒸汽机、AI 工具和女人作对比，或者跟被奴役的、被边缘化的和被殖民的人群作对比。这可是大错特错。虽然有些人做过这样的比较，用来为“机器人权利”所需要的学术和政策考量做辩护，但拿不思考的机器和人作严肃的比较，本身就是一个道德危险品，这一点批评家阿贝巴·伯汉和杰里·冯·迪克（Jelle van Dijk）已经正确地论述过。[5] 另外，巴特勒恐怕也无法抵挡这一危险。或许“机器威胁”的叙述，在今天就跟在巴特勒的时代一样，是镜中世界的另一个版本。这个版本事关一种不同的、真实的若干恐惧，它们长久地吸引着有权力者。这些男人把他们自己看作自然精英，有权做任何事情来维持和确保那不可挑战的至高地位。

想想置身于镜中世界的爱丽丝，她那不听话的猫咪在那里变成了反复无常、强大的红皇后。如果我们自己“生死攸关的机器威胁”叙事至少部分是它们的作者对一种不同种类的恐惧的镜中投射呢？他们恐惧被替代或变得无足轻重？现在，我想巴特勒写《理想乡》和《机器中的达尔文》时，他确实是在谈论机器，而不是女人或被奴役和被殖民的人。我也相信当埃隆·马斯克、斯蒂芬·霍金、萨姆·奥尔特曼，以及其他人在讨论 AGI 时，他们一直在真正地考虑 AGI，而不是用代码来谈论别的东西。

但要用同一个技术原因来解释两种叙事的完美镜像，的确困难。想想他们所说的基本技术现实是多么不同。而这种叙事与种族至上主义和种族控制的殖民叙事之间的共振又是如此清晰，以至于难以忽略。也正因如此，2019 年鲁哈·本杰明在《科技之后的种族》（*Race After Technology*）中所描述的情形，才会令如此众多的读者与学者深受震撼：人工智能的压迫性应用，竟与 19 世纪重新巩固对解放后的非裔美国人实行白人压迫的《吉姆·克劳法》如出一辙；她将这种现象称为“新吉姆代码”（New Jim Code）。

其他研究者已经看到，我们对 AI 和算法系统的使用甚至比之前的技术更为广泛，这种使用一直在遵循一种特殊的模式：这种模式映射了资源开采、权力巩固、等级控制、排斥和征服边缘群体的殖民模式。[6] 与殖民模式一样，对 AI 的这般使用被那些从智识至上和不可避免的“进步”代价叙事中获利的人合理化了。一旦挑明，这些共同点很难不被看见。如果看到这些共同之处，承认这些共同之处，会不会为我们打开了一条挣脱出这一模式的道路呢？

如果我们能够像爱丽丝那样，从我们目前的镜中世界里苏醒过来呢？在这个镜中世界里，强权者能想到的最可怕的事情就是他们自己被有智慧的他者取代。如果这能让我们对 AI 的真实风险和威胁有一个更清晰的看法和评估，并且与当今人类面临的许多其他非常真实的存在性威胁进行比较，那会怎样？如果这种觉醒能够让我们利用想象力和判断力，与 AI 共同开创一条比目前可见的道路更好的前进道路，那会怎样？

如果 AI 作为人类主宰和拥有至高无上地位的一个迫在眉睫的摧毁者或替代者这一形象不过是镜中的幻梦——一场错

位的想象的斗争，作为一代又一代的科幻作家改编的创造性模板，那么也许我们可以享受它想象中的可能性。《我，机器人》是一种刺激！《终结者》太有意思了。《黑客帝国》场景很有趣。《机械姬》让人着迷。《西部世界》十分烧脑（名副其实的头脑风暴）！

但实际上，这些娱乐科幻投射出的镜中错觉如今正在被亿万富翁、说客和强大的AI公司不断加杠杆，用来直接影响和重塑公共政策、科学研究优先级、创业资本投资和慈善捐赠。它被用来服务于推迟对真实且迫在眉睫的存在性威胁采取行动的运动——从气候变化、海洋酸化，到全球疫情和粮食不足——支持对长期AGI风险研究的巨额资金投入，这些强大的利益集团现在声称，此类风险超越了所有其他的危险。一场新的技术中心的长期主义（longtermism）运动，由早先的一场有效利他主义（effective altruism）运动发展而来，它已经在很多强大的学术、政策和媒体圈子里提出这样一种观点，声称AGI的威胁大到不可估量，乃至比气候变化的威胁还要大。很多长期主义者现在主张，对于长期人类利益而言，最审慎的慈善和公共资源使用方式是更多地投资于AGI风险和AI安全研究。然而，驱动长期主义者的，并非今天活着的人的安全，甚至也不是下一代的安全。

长期主义者的论证常常是这样的：未来的AGI在理论上

可能导致死亡或陷入贫困的人类数量，甚至会超过当前地球上的总人口，因此将资源用于预防未来 AGI 的威胁，比投资当下的清洁能源技术、粮食安全保障或公共卫生建设更具合理性。一些长期主义者提出的相关观点包括，拯救未来需要将更多的当今资源导向全球北方的富裕人士，而不是向全球南方的最贫困国家提供援助，因为在本就资源高度集中的富裕地区，富裕人士更有能力利用手中的资源，去应对 AGI 带来的这些存在性威胁。

长期主义根源于功利主义伦理学——这是一种道德理论，长期以来一直推动着有效利他主义者走向当代哲学家彼得·辛格（Peter Singer）的工作。从 19 世纪哲学家杰里米·边沁（Jeremy Bentham）和约翰·斯图亚特·密尔（John Stuart Mill）的奠基性著作，到今天受 AI 影响的长期主义者的论著，功利主义始终认为我们首要且最高的道德责任不是根除不公正、培养美德、保护人权和地球，而是最大化未来将享受的幸福总和。

彼得·辛格因其对动物解放的坚定辩护而广受赞誉，他主张动物具有感受痛苦的能力，这种能力减少了它们的幸福感。较少为人所知的是他那些仍被很多残障活动家怀着痛苦忆起的断言。他说杀死所谓“有缺陷的婴儿”是道德的，因为在他看来，他们未来幸福的潜力大打折扣。[7] 长期主义者、有效利他主义者与辛格的共同之处是这样一种功利主义的观点，即道德是一个幸福最大化的问题，是道计算题。这对AI狂热者们可太方便了，道德成了计算机和计算机科学家们应该很擅长的那种事情！

对一个像我这样的德性伦理学家来说，所有把道德与人道情感、关系联结和社会语境分离，把道德还原成一个净幸福值计算的观点，都蕴藏着重大的危险和道德谬误。就像长期主义者埃利泽·尤德考斯基（Eliezer Yudkowsky）欣然承认的那样，这种原教旨主义的功利主义许可人们摒弃道德情感，单单“闭嘴并计算”幸福总和，哪怕即便计算结果所指向的行为，在直觉上令人深感不妥，或是违背良知。[8] 在牛津大学人类未来研究院（FHI）的一些长期主义者就用这一许可来对待那些假设。在这些假设里，今天遭罪的几十亿人的福祉被冷静地牺牲，就为了创造出遥远未来虚拟世界中更大数量的幸福的“数码人”（digital people）。[9] 其他人提出了长期主义者对一种相关功利主义观点的辩护，这种观点被称为“令人厌恶的结论”（the Repugnant Conclusion）。这种观点提议，在给定选择的情况下，选择一个充满了极度痛苦以至于他们的生活“勉强值得过”的人的世界，比选择一个规模更小、可以繁荣昌盛的一百亿人口的世界要好。[10]

这类情境通常被视为对功利主义逻辑的有力反驳。而当其被当作人类合理的道德义务时，正如哲学家、功利主义的尖锐批评者伯纳德·威廉斯所言，这些情境恰恰是产生了“多余之思”的结果。像这样的想法并没有主导早期有效利他主义者乐善好施的思考。从捐赠多余的个人财富，到为全世界的穷人购买蚊帐和其他影响深远的援助，再到为公共健康和气候复原力的投资，有效的利他主义者最初尝试做的很多事情都符合对当代人和后代人的常识性道德义务。就算有效利他主义运动与更具推测性的长期主义 AI 幻想合并了，他们中的许多人仍在致力于与已有的存续威胁作斗争：气候变化、生物危害和核屠杀。正如一个批评者注意到的，在 2022 年《纽约客》给有效利他主义者、长期主义者威廉·麦卡斯基尔的人物速写中引用了这样一句话，“你要看（有效利他主义者）说的那些事情，那听起来会比他们实际在做的事情疯狂得多”。[11] 如果长期主义者那些更具推测性的 AGI 构想只是无趣的牛津哲学家和硅谷投资人的智性喧嚣，那我们可以把它们看成无害之物。

但如今，长期主义是越来越多的最富有、最有权势的政治和工业圈子用来言说道德思考的语言。像贾恩·塔林（Jaan Tallinn）和彼得·蒂尔（Peter Thiel）这样的亿万富翁被描述为它的狂热支持者，而生命未来研究所（FHI）的创始人埃隆·马斯克则称麦卡斯基尔为“在哲学上最契合我的人”。[12]FHI资深研究员托比·奥德（Toby Ord）在他的个人学术简历中写道，他曾给“世卫组织、世界银行、世界经济论坛、美国国家情报局、英国首相办公室、英国内阁办公厅和英国政府科学办公室”做过顾问。[13] 在2021年联合国大会上就气候问题所作的一次发言中，前英国首相鲍里斯·约翰逊（Boris Johnson）就曾引用过奥德的言论。长期主义者并不只在保守派的政治圈子里寻求影响力。FTX加密货币交易平台创始人、长期主义者山姆·班克曼－弗里德（Sam Bankman-Fried）在因诈骗指控入狱前，被颂为美国民主党圈子的“超级金主”，而英国的长期主义者则成立了一个“长期主义小组”（Labour for the Long Term），以影响工党。政治影响是长期主义者策略中最核心的部分。牛津大学全球优先事项研究所在2022年发表了一份立场文件，概述了他们对机构长期主义的政治主张，即对未来的考量应主导公共政策，甚至是我们对政治机构的选择，而长期主义则是确定个人慈善优先事项的个人哲学。[14]

AGI的镜中错觉在驱动这一哲学转向一个危险的新方向上起着重要作用，这一方向叫作“强长期主义”（strong longtermism）。根据这种观点，遥远未来的威胁，即使是像AGI这样具有高度推测性的威胁，也会让目前活着的或即将出生的人最紧迫的道德诉求相形见绌。如同麦卡斯基尔和他的合著者希拉里·格里夫斯（Hilary Greaves）在2019年的论证，“为达到评价行动的目的，为了评估行动，我们通常可以首先忽略前100年（甚至1000年）的所有影响，而主要关注未来的影响。短期结果差不多都是短期的侥幸胜利”。[15] 哲学家托比·奥德在其2020年出版的《悬崖》一书中指出，人类灭绝的概率因恶意或误导的超级人工智能的风险而被放大，其远远超过其他存在性风险造成的总和，包括核灭绝、生化恐怖主义、气候变化导致的生物多样性崩塌。[16]

毕竟，环境灾难可能会迅速让地球上的绝大多数人类无法生存，但仍会有少量的幸存者可以活下来。奥德声称，AGI则能够轻易地杀死我们所有人，或许通过敲诈或操控世界领袖的方式，让他们制造一场核屠杀。奥德并没有断言说他知道AGI将会出现，或者如果出现了，AGI会采取这样的行动。他只是说这在理论上是可能的。但就是用长期主义者钟爱的那种折磨人的数学方法，他断言说即使是五百年后近乎为零的一种全体灾难的可能性，也要比我们五十年后近乎全体毁灭的一种更大的可能性紧迫。

让我们停一停，深呼吸。首先，这一AGI情景的某一方面可能会引得一些读者哄堂大笑，所以我们还是把它说出来吧。今天，我们最好的AI系统能够解决一些相当复杂的优化和预测问题，但它们还是捉襟见肘。今天的AI系统仍然会出现重大的、经常性的失败。它们很难建造，也很难保持良好运转。它们会受到模型漂移（model drift）的影响，即当模型接触到与训练数据不同的真实世界数据时，性能会迅速下降。我们已经看到，即使是最新被视为 AGI 关键的生成式 AI 工具，也会经常产生掺杂在事实中难以察觉的谬误——这些错误跟事实真假难分地混在一起，而且这些模型越强大，它们越能编造。

此外，只有当我们孜孜不倦劳作，以把它们所需的数据在小心清理和筛选过后喂给它们，校准它们精细的超参数，确保它们在熟悉的、掌控良好的环境里运作，AI 工具才能工作。更不用说为 AI 提供动力的显卡和服务器群所需的大量水、能源和开采的稀土矿，这些都必须由人类来提供。对于许多与这些作斗争的 AI 专家来说，想象未来版本的 AI 从人类手中接管世界，这会让人想起 2008 年电影《忘记莎拉·马歇尔》（*Forgetting Sarah Marshall*）中的晚餐场景：这些人在饭桌上开怀大笑，起因是一部廉价恐怖片中那部杀人不眨眼的手机。其中一个角色开玩笑说："你为什么不把手机电池直接取下来呢？……是的，我们赢了。"

当然了，那些为 AGI 带来的存在性风险操心的人，他们想象的情景是人们已经让一个恶毒的 AI 系统控制了我们的电网、水供应链、矿产开采和芯片工厂，还有 AI 存在所需的其他所有东西。当然，我们可以不这样做。这看起来一点也不困难。但它并不意味着AI没有造成重大的安全风险。事实上，对一个并非真正智能的AI系统，我们的确有很多需要操心。这个系统完全不知道它在做什么，为什么这样做，却以“效率”和“创新”之名，获得了关键系统的掌控权，而这些系统是我们仰赖的。这可是蠢到家了，因为很多AI工具容易做出“激励扭曲”（reward hacking）的危险举动。也就是说，虽然一个机器学习系统无法改变它的“激励函数”或程序目标，但它常常能算出一个更有效、更惊人和令人讨厌的路径来实现目标。这是一个老套的科幻桥段，我们设计出来本该不惜一切代价保护人类生命的AI工具却囚禁我们，只为确保我们的安全。AI“激励扭曲”在现实生活中的事例虽然没这么戏剧化，但多得不胜枚举。这些例子表明，要预测无脑AI工具会如何实现我们为之设定的目标是一件多么棘手的事情。用控制论先驱诺伯特·维纳（Norbert Wiener）的话说，“要有效地关闭一台机器，我们必须掌握危险点是否已经来临的信息。我们造出了机器这一简单的事情并不能保证我们也会有正确的信息来做这件事”。[17]

事实上，我们有充分的理由将当今人工智能研究的一部分用于人工智能的安全性，以确保人类不会做出此类设计选择。我们不能让AI工具在电网、水系统、核引爆编码中出现任何“激励扭曲”的机会。这些常识性的协定应置于国家安全政策、国际规约和 AI 开发标准的核心。但我们也会问，为什么当代的 AI 叙事如此常见地固着在 AI 想要摧毁我们，试图奴役或终结人类的前景中，而不是像一台停在路边没有挂挡的汽车，以盲目的、意外的方式伤害我们？在这个种族灭绝的意图背后，藏着什么？显而易见，我们在有智慧的人类身上看到了这些意图。但这是一个糟糕的结论。我们为什么要指望种族灭绝意图与智能有因果关系呢？这是一个相当古怪的、令人困扰的假定，它在智能生命的科学中找不到明显的根据。这个假定更多地在讲述我们自己，而非技术或智能。

实际上，如果某天 AGI 真的出现了，它很可能是一种与我们很不相同的智能，而不是注定要复制我们的错误，或映照我们的弱点。正像哲学家彼得·戈弗雷－史密斯（Peter Godfrey-Smith）在《他类心智》一书中讨论的，以及艺术家詹姆斯·布莱德尔（James Bridle）在《存在之道》中呈现的，我们本来就在与很多别样的智能共享这颗星球，从章鱼到大象，到海豚，再到乌鸦，甚至还有可能包括植物的地下网络，只要我们愿意把人类中心的标准拓得足够宽。其他每种智能都以截然不同的方式展现自己。布莱德尔指出，为什么科学家用了如此之久才发现非人的动物智能？其中的一个原因是 20 世纪的绝大多数时间里，我们都在用设计出来测试人类智力的标准去度量它们的智能。这些测试是能被两足、有拇指、眼睛直视前方的动物所掌握的那些技能。当我们开始探究动物能用向上看而非向前看的眼睛解决哪些新问题时，或者它们用八条腿而非两条腿，又或者用喙和尾巴而不是拇指，能解决哪些新问题时，猜猜发生了什么？我们恍然开眼看见更多智能！

让我们想象 AGI 可以遵循的其他道路。其中一条路径涉及用不同方式去试验让 AI 系统学习它们的环境，包括从生物学中获得启发的系统设计，这种设计从生物智能丰富的多样性中汲取灵感。这类研究已经在不同的标签下展开，从生物启发计算到人工生命和生物模仿。虽然这种 AI 研究旨在反映生命系统的某些方面，但它有可能实现比目前大多数商业 AI 系统中看到的模仿人类语言或行为模式更宏大的目标。

杨立昆在 2022 年发表的立场论文《通往自主机器智能之路》中，对机器学习的主流趋势提出了疑问，认为无论是 GPT 这样的大型语言模型，还是阿尔法元（AlphaZero）之类的强化学习模型，都不能导向 AGI。相反，他提出了一种基于无监督学习世界常识模型的方法，该方法通过世界表征的层次结构来安排认知架构，使行为主体能够使用单一的“可配置世界模型引擎”进行思考。他把这一假想的“引擎”与动物前额叶皮质的能力作了比较。对杨立昆来说，我们对反映人类语言能力的 AI 工具的兴奋模糊了这样一个事实——许多动物在没有复杂语言系统的情况下或在复杂语言系统之前就已经进化出了智能。简言之，如果我们最近的灵长类祖先已经有了智慧，而且他们的智慧为我们的智慧奠定了基础，那么从语言开始似乎就像是在蛋糕出炉之前就试图给它上霜一样。

但这恰恰就是今天绝大多数重金资助的 AI 研究项目和商用 AI 企业采用的方法——建造越来越大的 AI 镜子，它们目光狭隘，只专注于人类性能，尤其是人类的语言性能，这些性能碰巧构成了能从因特网上获取的廉价数据的最大份额。在这条道路上，我们尽己所能地喂给 AI 系统足够多的人类生成数据，来训练它们学习并模仿我们行为和说话的各种方式，搭配所有把我们的感知同目标、欲望相连的模型，复制我们显现出的所有可预测的冲动和偏好。斯坦福大学经济学家埃里克·布林约弗森（Erik Brynjolfsson）将这类 AI 的目标称作“类人人工智能”（HLAI），以将它和更广义的 AGI 区别开。后者可以涵盖跟人完全不一样的机器智能。

为什么我们努力建造映射我们自己的 AI？部分原因是，我们可以做到这些。也就是说，我们已经有了让其成功所需的东西。数据和处理能力是今天的方法仰赖的两种计算资源。资金雄厚的大型 AI 公司在这一世纪能够掌握更多这两方面的技术，这要归功于由摩尔定律描述的计算能力的指数级增长，以及同样迅猛的人类生成数据的增长——大量来自社交媒体和网络平台。正如我在第二章说的，数据是这些新型AI镜子的“入射光”。为什么这么多的AI研究者如今都致力于这种方法？答案就在那个老套的笑话的梗里：为什么醉汉在路灯底下找他的车钥匙？因为这是光所在的地方。

当然，一个幸运的醉汉也可能在那儿找到他的钥匙！但就算目前这条道路多少把我们引向了“类人”AGI（姑且不论AI训练数据无法代表所有人），想想这样一个如此明显的事实：我们已经有人来当人了。有些国家确实因为人口老龄化而面临暂时性的劳动力短缺，尤其是再加上僵化和惩罚性的移民政策。但从全球范围来看，人并不短缺。即使可行，创造数字版人类似乎也是多余的。一些明显的例外涉及很少人能够胜任的任务，或者绝大多数人都乐意让机器完成的任务——AI研究者称之为3D的任务：无趣、肮脏和危险的劳动。但是，即使很多这样的任务应该完全自动化（这个问题需要繁杂的道德、政治和经济考量），狭义的AI做这些事情就已经足够好了。这无法解释为什么我们要建造AI之镜来做我们的分身。

不过创造“人造人”也有明显的商业优势，因为就像塞缪尔·巴特勒指出的那样，它们不需要睡觉，也不需要假期。

它们不要求晋升，也不休探亲假。但是，努力把这些机械镜子变成完完全全的人，又是为何？今天的 AI 研究轨迹的目标似乎是一个会深深困扰我们的梦：硅基人完全模仿或超越人类灵活、适应性强的能力，完成具有经济效益的任务——编写电影剧本、报道新闻、预测股票价格、端咖啡、设计海报、驾驶卡车——但人类的其他能力都被抛在脑后，没有得到反映和发挥。

这正是从约书亚·本吉奥（Yoshua Benjio），到杨立昆、杰弗里·辛顿（Geoffrey Hinton）和山姆·奥特曼等当今 AI 领袖们经常引用的“超人”AI 言论的危险之处。他们将那些比我们更擅长计算、预测、建模、生产和解决问题的 AI 系统描述为“超人”。然而，是这些能力使我们成为人类吗？当我们宣称一台只会计算和生产的机器已经获得了“超人”的称号时，我们认可的人类生命价值的衡量标准是什么？当你怀着爱怜自然地摸了一下孩子的头，你是在解决问题吗？当你在草坪里做了个侧手翻，你是在优化你的生产吗？当你在马路上停下观察一个愁苦的陌生人，你是在计算最有效的路径吗？

当今许多 AI 领袖所描述的“超人”AI 的可怕特质更像病毒而非人类。就像病毒一样，他们设想的“超人”AI 会无情地优化自身的生存和繁殖，而不考虑自身利益之外的任何其他利益。“超人”AI 将无意识地利用我们的身体，操纵我们的行为，入侵我们的防御系统，以最大限度地提高其生产力——与此同时，对杀死我们的意义完全漠不关心。如果这就是你想的超人应该是的样子，也就是说，它像个人，但比人更像人，那你可能完全忘了你自己。

布林约弗森注意到这一“图灵陷阱”——建造 AI，专为模仿人在经济生产上的工作表现——带来重大危险。首先是对这颗星球上绝大多数人权力的剥夺，在这里权力已经不公平地集中在少数人手中了。他观察到，当个人单独享有完成某一任务所需的知识时，“那个人就不仅能要求更高的收入，也会要求在决策中发声”。[18] 但是当个人知识被复制成数码产品，任何人都可以复制时，这个人在经济和政治上的影响力就会被严重削弱。正如布林约弗森所说，“当有用的知识被不可剥夺地锁在人脑中时，它所赋予的力量也是不可剥夺的。但是，当知识变得可转让时，它就能使决策和权力更加集中”。[19]

即使从纯经济角度看，建造增强人类能力而非照搬其能力的 AI 系统，能让我们获利更多。布林约弗森指出，当 AI 工具与人以互补的方式搭档时，往往会产生最高的性能表现，也就是当我们建造它们，以扩大或增强人类工作表现的某一环节，而不是完全取代人类工作表现时。比如，一台制造出来被当作虚拟治疗师的聊天机器人，作为人造的行为主体，它常常产出平庸和反复无常的观点。就像我们之前看到的那些认可自杀想法的聊天机器人，最坏的情况可以说是灾难性的。

但一家名为“危机短信热线”（Crisis Text Line）的公司就用 AI 来给拨打急诊状况热线的人们迅速配对真人治疗师志愿者。这是一个相当窄的窄 AI 工具就能高效且近乎瞬间完成的任务，丝毫不需要一丁点儿的“类人”智能。它也是不会取代人类能力的一项任务——没有人能够在不耽误救生工作的情况下实时完成这种匹配工作。但是在任务环节里有一个 AI 工具来将他们的技能与其他人的需要做配对，真人治疗师就被增援了；相比仅靠他们自己，可以更高效。

以这种方式使用 AI 不仅能让我们在已有的工作中做得更好，还能帮助我们完成以前无法完成的新任务。在本世纪和下一世纪中，它将是至关重要的，因为气候变化、粮食短缺和全球疫情会要求我们做更多的、新的事情来求得生存，以及保护星球上的生命。像布林约弗森提到的，“发明那些能增强发明过程的工具，不仅能扩大我们的集体能力，而且能加快这些能力的扩展速度”。[20] 他注意到从自动化向增强化的转变也能抵御日益加剧的“技术后冲”（tech backlash）。“技术后冲”主要是由公众对越来越多剥削或取代人，而非增强人的能力的技术的合理反应所推动的。然而，不论它多么正当，它都威胁到公众对创新的信心，损坏我们的集体意志，不再去开发并拥抱那些能够增强我们的能力以应对所面临的生存挑战的新科学和新技术。

不过，“图灵陷阱”还有一个布林约弗森没有提到的危险。这不是一个推测性的未来的危害，而是一个正在全球范围内发生的危害。那就是类人 AI 之镜的使用强化了技术哲学家兰登·温纳（Langdon Winner）在 1977 年命名的“反向适应”（reverse adaptation）。[21] 在此，不是机器被设计出来支持人类目标，而是人被招募来做任何为了增强或适应机器能力所必需的事情。这样一来，人就会因为表现得越来越像机器人而得到奖励。当亚马逊的 AI 工具指导亚马逊货仓工人以“最佳”角度弯下他们的身体以提高拣货速度，忽略人类工人独特的身体状况（右肩酸痛或膝盖无力），要求他们只能像机器之镜编码出的“最佳”拣货员那样移动时，就在发生这样的事情。

当一些学校里用 AI 监控工具来追踪学生的眼动和面部移动，给他们排名，来看他们跟课堂“最佳”教室情绪和注意力预测模式的匹配程度时，就在发生这样的事情。当长途卡车司机的驾驶室里安装的 AI“行驶观察”监测器阻止司机有经验的判断，相反在每一个转弯的时间和位置上，在休息和用餐间歇上给司机指导，把一个娴熟有经验的人变成轮胎后面的人肉机器人，被动地反映机器的“最佳”选择时，就在发生这样的事情。[22] 当 AI 滤镜让年轻人用整容手术去改善他们的面容，以匹配他们在 AI 之镜上看到的变形时，也在发生这样的事情。

具有深刻讽刺意味的是，这也曾经是非营利组织“危机短信热线”收集数据的计划，该组织将人类志愿者与来电者之间敏感对话的匿名数据打包，出售给其营利子公司洛瑞丝 AI（Loris. ai）。[23] 我说“曾经是”，因为来自志愿者和全球的数据与 AI 伦理学者团体的强烈抗议阻止了这一计划。“危机短信热线”积攒的数据宝库——从人那些非常个人的、仁慈的救助他人于危急的举动中提取出来的——要被洛瑞丝 AI 用来给它的客服优化 AI 工具赋能，这工具用来监控、指导和测评真人呼叫中心的工作人员。洛瑞丝 AI 网站说它的 AI 以“更可预测的”模式来引导真人雇员的反应，这些模式“让每一个雇员，成为你最好的客服”，从而提高他们的效率和“共情”。这是人类获得共情的方式吗——通过对一个机器提供的模式鹦鹉学舌？

我们可以建造 AI 来反映和用机器模铸的摹本来系统地取代人的智能与共情力。或者我们也可以建造 AI 来真正地帮助并释放我们人类的潜能。你可能会问：“为什么不能兼得呢？”就像布林约弗森指出的那样，我们目光如豆的经济和政治激励已经让第一种战略大行其道。

与机械化行为主体所承诺的“无情 ”优化不同，第二种选择允许 AI 提升像我们这类存在的力量和行为能力。这类存在能够说不，提出难以回答的问题，或道出令人不愉快的真相。这类存在珍视正义和自由一类的东西，胜过效率或利益。对这类存在来说，智能在物理机能上与睡觉、开玩笑、胡闹、涂鸦、做白日梦和发泄情绪的需要密不可分。如果我们继续沿着目前正在走着的这条 AI 道路，就不是那种能指引我们未来的智能。

更有可能的是我们将困在一个让我们复杂的行动力、自发性和智力都愈加不被思考的 AI 之镜束缚和限制的世界里。这些 AI 之镜被大型公司和政府权力机构掌控，它们要求我们的行为要反映且遵循这些僵死镜子从我们这里提取走的那个被剥夺了自然属性的、缩减了但“优化过”的版本。这也驱动着 AGI 的发展。即使沿着这条道路 AGI 无法出现，这种“超人”智能模型无论如何也会定义我们，定义我们的孩子将要与之相处的那种技术，并且它也会变成衡量他们人性的主要尺度。我希望上述的例子能让你有充分的理由质疑这种未来的可取性，甚至是道德上的可接受性。

对 AI“反向适应”日渐强烈的趋势说明了如果我们不改

变 AI 目前发展的轨道，我们的生活会变得更糟。但是，上述例子并没有充分反映出人类最有意义的生存任务失败所带来的悲哀，这一任务被奥尔特加称为“自我建造”。今天的人工智能无法引导我们的未来，除非我们放弃让自己超越过去的一切希望。回想一下前面章节中对当今人工智能工具的描述，它们就像指向后方的镜子，狭隘地反映仅在我们数据历史中占主导的统计模式。这样的镜子，当它不是用来作为过去的反映，而是作为通向未来的窗口时，就成了约束我们道德、智性、文化和政治想象力的紧身衣。它们将历史的统计曲线投射到尚未确定的未来，并将这种反映重新塑造为一种预测，从而极大地限制了我们对未来可能性的感知。

种族屠杀机器智能的大众叙事进一步窄化了这一视野。今天最广为人知的 AGI 或“真正”的人工智能的设想，在我看来，显得极度陈腐且缺乏创造力。19 世纪对机器至上的殖民和工业焦虑催生了巴特勒的《理想乡》，又在《终结者》《黑客帝国》《西部世界》的反乌托邦中得以重组，现在经由当今长期主义者的骇人警告，从流行文化逐渐渗透到政策和政治中。然而即使作为文化镜子，它们给出的映射也贫瘠得惊人。如今主导的 AI 形象，并未体现推动人类智慧史的智慧物质、游戏般的好奇心与想象力这些德性，反而只映射出我们亟需超越和摒弃的那部分遗产。

当今关于 AGI 的设想——那些冷酷无情的优化机器将人类仅仅视为“饲料”（fodder）——与 19 世纪工厂主的短视冲动如出一辙，即“物尽其用”，榨干工人自身的生命力和健康，不留余地。而 AGI 主宰者残酷逆转其创造者地位的幻想，则映射出同样的零和游戏：正是这种狭隘的支配与报复逻辑，如今正在不断榨取我们生活中的欢愉。这些“超人”形象反映了一种极其贫瘠荒芜的人生理想，一种为单一的、预先定义好的目标，不断优化再优化，但从不感受、玩耍或漫无目的地探索的人生。它映射了我们自负的、徒劳的对于控制和优越的欲望，却把我们的恻隐之心、好奇、想要彼此关心的冲动、我们团结友爱的能力摒弃于阴影之外。它揭示了一种难以想象的冰冷、扁平，以及沉闷无趣的计算智能的愿景。

想想《西部世界》这部美剧。它前面几季的故事线讲述了感知和自由意志如何在机械生命里通过失忆而出现，这是一个相对引人入胜的故事。但在第四季里（小心剧透！），我们终于看到这些有了意识的人造接待员（host）在挣脱人类压迫的暴力枷锁后，建造了一个什么样的世界。从第一季起，观众就在期待接待员梅芙实现它那相当伟大且狂妄，来源于“自我建造”天赋的诺言：“在新世界里，你他妈想是谁就是谁。”那么，在我们想象解放了的 AI 主人公们能够探索的一切可能性之后，它们到底为自己建造了一个怎样的新世界呢？

它们建造出了能想到的最无聊、最没有灵感、最不鼓舞人心的一个世界。最后一季向我们展示了地球城市那些无聊乏味的、灰暗的复制品。在那里，人被强迫在固定好的软件循环里运行，像无头苍蝇一样毫无意义地被他们随意闲逛的接待员折磨。这些接待员现在不过是它们的创造者冷酷无情的镜像；就像其中一个说的，“我们只是制造我们的人类的反映”。囚犯成了捕获者，乏善可陈。就像AI之镜，这些接待员对我们人类的反应，其丰富程度甚至比不上它们发明者的心智。它们所做的事情也并不比现实中那些最令人感到无聊的人所做的更有趣。

在一个引人注目的场景里，一个接待员将一对人类夫妇困在一家精致餐厅的餐桌旁。尽管他们身体的紧张状态显示出明显的逃离欲望，但他们还是被接待员的AI技术硬逼着坐在那里，一边听接待员讲述它对他们的控制权，看它喝着上好的麦芽威士忌傻笑，一边逢迎着。这是一次完美的戏拟。我们可以想象今天的随便一个亿万富翁对他那些被困住的下属做着同样的事情，反复讲述他最近购买游艇的细枝末节、董事会上的胜利，或者毫无意义的战利品——他最近吃过的或捕猎过的或当宠物驯养的濒危动物——而那些仰赖他过活或保其名位的人则干坐着，强咧着嘴笑。《西部世界》里唯一的区别在于那些餐桌边的食客们本身就是毫无意义的战利品。

这个“新世界”如此无聊，以致这些接待员虽然有机会永生，或者甚至可以上传到更少受人类生理限制的新型机身里，但它们还是出于倦怠开始自杀。它们宁死，也不愿待在这个据说是由它们的超智能领袖所创造的世界。这是一个它们在另一边就已经待过的世界，只是等它们控制了一切时，这世界变得没有那么有趣了而已。我们被反复告知这些接待员的人类蓝图把它们送上了死路。它们是我们的映射，因此这就是它们的宿命。“狂欢终将生悲”，从来如此。这微弱的暗示，在上一季逃到虚拟世界的接待员可能会在它们的生活中做一些更有趣的事情，但我们没有任何感觉。有一个微弱的提示，逃入“升华之境”（Sublime）这一虚拟世界的接待员在上一季里做的事情对于它们的生活来说更有趣，但我们没有领会。为什么没有？当我们想象那些以我们的形象来制造的存在物时，我们能想到它们的智能的唯一目的，它们取乐的唯一任务，就是暴力主导和控制吗？这真的是智能之所是吗？

为什么 AGI 的描写里少有笑得比我们多的超人智能？那些不在执行任务，而在精于犯傻、偷懒、探险、玩耍的智能机器在哪里？绝大多数高智能生物可是做好多这样的事情！我们想象出的超级智能读什么？写什么？画什么？唱什么？它们作出过什么狂野的音乐？除了对我们最平庸美学的白色塑料超现代主义夸张演绎之外，它们建造了什么样的生活空间？它们发明了什么游戏，那些将我们人类最恶劣的想法做到极致的游戏？

我们所知的每一个活着的智能生物都显示出这些更宽广、更丰富的能力中的一些或者所有。这颗星球上的某些智能生物肯定还有一些我们都无法描述的能力。但 AGI 呢？在 AGI 的对话中，所有最强大、最有影响力和最流行的声音能想象到的就是一个冷酷无情的屠杀机器或生产机器。借用长期主义者尼可·博斯特罗姆（Nick Bostrom）在 2014 年《超智能》一书中那常被引用的例子，这台机器的最高冲动很可能是把宇宙中的所有物质转变成一个巨大的回形针工厂。

一些较少为人所知的虚构 AGI 形象做得更好。但那些形象不是驱动当今关于 AGI 未来的政策讨论的形象，也不是塑形主流 AGI 研究的形象。它们当然也没有指引长期主义者危言耸听的预测。在 2020 年论存在性风险的一期播客节目中，《悬崖》的作者托比·奥德坚持 AGI 会“废黜”人类，把我们从控制所有地球生物的“特权地位”上淘汰下来。[24]AGI 会要求它“做主”。它会把其他智能生物只看作资源，“是为了它们才在那里的某物”。在这样一个镜中世界的视野中，AGI“遍布在全世界的每一个角落，因此可以影响所有人”。这些关于 AGI 的愿景是一种预测吗？还是一种坦白？

就像塞缪尔·巴特勒和《西部世界》的作者那样，长期主义者习惯性地把一个人工智能存在描述成这样一种心智，它只会把取代、奴役或谋杀人类，以及用光我们的所有资源看作是理性的选择。为什么呢？因为那就是我们之中最强大、最聪明和最有权势者必将做和总是在做的事情。如果这就是我们的所思所想，那我们就是在告发我们自己。当我们被最流行的 AGI 幻想迷住，我们就像爱丽丝一样，迷失在镜中世界。我们以为透过一扇窗户，看到了一个崭新的、反乌托邦的 AI 未来，实则是被困在了过去，迟钝地向后呆望。这也并非我们的全部历史，或所有人的历史——倒不如说，我们的 AGI 幻想只揭示了我们在征服、统治和帝国的故事中一层狭窄的人类经验。

把这一故事跟人类智能的故事混同，要么受到了骇人的愚弄，要么就是有意颠倒黑白。就算我们错误地把智能等同于算计的自利，就我所能想到的人类智能的任何一个典范都从未明智地选择这样一种人生——毫无幽默感，孤苦无伴，如饕餮般贪婪，无法遏制的自我，和永无止境的惩罚欲望。出于免付律师费的考虑，我只能请读者自己去想想最适合后一种描述的那些人。他们看上去像是已经搞清楚了人生的样子吗？他们幸福吗？做出了最聪明的选择吗？我们关于 AGI 的预设其实把智能和对不应得的权力的滥用混为了一谈，这是一个发人深省的错误，一个我们经常会犯的错误。因为这显然不是实情——绝大多数智能生物，包括人这个物种，会选择把滥用权力当作自己的目标函数。那些确实如此选择、还在如此选择的人，通常会过一种愤怒的、异化的、孤独的生活。这种生活甚至会令最强硬的功效主义者感到胆怯。

当然，我们为创造真正的人工智能存在的努力和心血可能会适得其反地意外造出一个恶毒的、种族屠杀的终结者。这并非不可能。长期主义者就论证过这一可能性，不论它多么微乎其微，都值得我们今天采取大规模的预防措施。当然，在 AI 安全研究方面的工作应当继续。问题是，它是否有必要从我们对目前已经真正存在的生存灾难的集体反应中抽走重要的政府资金和慈善资源。

如果我们不齐心协力，努力把人类文明从失控的气候变化、海洋酸化、生物多样性的丢失和由此导致的全球食物链的生态崩塌中拯救出来，就不会有任何建造天网或其他任何事物的大学实验室或资金充裕的初创公司留存下来。将有限的公众和慈善关注及资源从这些危机中转移开来，以便在我们镜中的未来对抗一个恶意的 AGI，就像让赶往你家扑灭燃烧的屋顶的消防队离开一样，仅仅因为你只想要安装防盗报警器，这是不合理的。

将这一镜中 AGI 描绘成我们人类最紧迫的威胁，这一长期主义叙事遭受了道德想象力的双重失败。首先，他们的失败在于无法充分想象。他们对 AGI 会是什么样子有一种奇特的隧道视野（tunnel vision）。正如我们看到的那样，主流的 AGI 幻想几乎摒弃了我们对智能生物行为的全部认知。这些幻想所反映的根本不是一个合理的智能形象，而是一个数字妖怪——一个硅基魔像，映射出我们自身最糟糕的缺陷。如果我们认为这正是目前 AI 努力前进的方向，那我们就已经做错了。2023 年，许多 AI 巨头公司的领袖签署了关于存在性风险的公开信，批评者们对此表示：如果你真的认为你可能在建造一个超能的人类灭绝机器，那么与其向政府和慈善家索要大量资金来为你的巨型人类灭绝机器打造更坚固的手铐，为什么不停下来去建造一些更好的东西呢？

第二重失败是无法正确地预见当下正缠绕于我们周围的迫在眉睫的危机——事关存亡的道德风险。当那些在机器人统治这一想法面前瑟瑟发抖的长期主义者说起灾难性的气候变化时，却有着保险精算师的冷漠。2020 年的播客节目中，托比·奥德和主持人考虑了全球变暖 10~20℃的极端状况，其中地球可居住区域缩减掉三分之二甚至更多。奥德认为这一状况和持续的人类繁荣是可兼容的：“它仍将比火星更适合居住……总会有许多地方可供‘人’安身。”

然而，奥德要求我们在其境遇中寻求慰藉的这个“人”

（或这些“人”）究竟是谁？而其余众生又将去向何方？在宜居的土地上，80 亿人现在正在为生存和饮用水作斗争。到 2050 年将会有 100 亿人，而土地和饮用水会更少。在一个仅有今日可居住地三分之一的未来（但还是“有人能住”的地方），其他人都怎么了？奥德似乎警觉到他有可能会被认为铁石心肠，特意说，“我得向听众说明，这很糟糕”。但他从没有真正地谈及那些消失的人，或他们的灭亡。他也没有描述那些眼见着亿万人消失的人遭了怎样的罪。他没有提到在军事营地里日渐消瘦的、一拨一拨的气候逃难者。他们拿身体换食物，在烤焦的地球上淹死在洪水中，他们的孩子埋在曾经是花园的荒漠里。其他人恰恰从那个播客故事里消失了。或者不如说，我们必须忘记他们曾经也在其中。

这一沉默，这一想象，避开思考在阻止气候灾难上的失败的实际意味，体现了道德想象力（moral imagination）的第二重失败——这是一种与儿童的想象力截然不同的德性。把爱丽丝送进镜中世界的想象力是她稚气的自由——把她想看到的东西带进脑海，把不想看到的东西都看成别的。另外，道德想象力则是一种习惯，它把那些我们能够和必须让它成为真实的世俗的可能性带入脑海。同样，它会习惯性地让心智之眼直面需要深刻思虑的可能性，那些我们不愿看到的可能性，那些让我们局促不安、哭泣或疼痛的可能性。道德想象力让我们的创造想象与责任、智慧、恻隐之心和勇气这些德性融合。

金·斯坦利·罗宾逊（Kim Stanley Robinson）在其2020年出版的小说《未来部》（*The Ministry for the Future*）开篇所展现的道德想象力，与主导长期主义叙事的贝叶斯概率计算的狭隘抽象形成了鲜明对比。在某种意义上，这部小说的目的和长期主义者是一样的——说明我们在存在性风险的悬崖上所处的位置，催促我们共同行动以避免这样的处境。虽然名义上是虚构，但《未来部》充满了在缓解气候危机方面的现实世界政策、经济和科学的清醒沉思。它可不是从一个"还是有人能生存"之地开始的。相反，它从其他人开始。它从身处一个热到沸腾的世界里那些具体的、感同身受的遭遇开始，如此生动、痛苦、史无前例，对我们来说又如此切近，以致很多读者需要合上书喘口气。在小说里，不是幸存者的安全，而是第一拨丢失性命者和那个不幸的见证者的遭遇，在引导整个故事的走向。对那些被无法抵御的热浪和火焰逼进爱琴海、西西里岛或毛伊岛的人，这本书开篇的场景可不是什么虚构。

我们正处于第六次大灭绝的加速期，在这个星球上，我们正在以比最忧心忡忡的科学家们预想的更快的速度使这个星球变得不适合人类生存，只剩下不到十年的时间来阻止不可挽回的损失。我们无法承受迷失在一个由我们制造的令人恐惧的机械幻影所期待的镜中未来里。若没有实践智慧所培育的想象力这一德性，我们也无法阻止损失。实际上，我们前所未有地需要想象的力量。在培育这一德性时，AI 之镜可以帮得上忙；它们狭窄的视野或许可以用来增强和拓宽我们的眼界。

比如，大型的预训练 AI 模型能用来作为一种新型的数字缪斯吗？很多艺术家在使用 DALL-E 和 Midjourney 这类工具的过程中发现了巨大的乐趣。这些工具可以产生新的视觉创意，激发他们自己的创造潜能。而艺术一直是扩充我们的道德、科学和政治想象力最好的方式之一。但其他人则把最新的 AI 工具看成美学的寄生虫，食取人所创造的庞大的艺术数据组。这些数据创造者从 AI 生成的输出里既没有得到奖励，也没有受到补偿。美国 2022 年美术竞赛的获奖者杰森 · M. 艾伦（Jason M. Allen）透露，他通过向 Midjourney 输入文字提示生成了一幅数字绘画，从而赢得了他所在组别的冠军，这首次唤醒了人们对人类艺术潜能将被 AI 之镜更廉价、更浅薄的反射取代的担忧。这些恐惧随着 2023 年美国编剧工会罢工而加剧，罢工促使一些电影厂考虑使用生成式 AI 作为“工贼”劳工。[25]

改变当前的经济和法律激励能够让 AI 之镜增强而不是

消灭、糟蹋或取代人类想象。但要让它发生，我们原生的想象力就必须被成熟的道德野心和实践智慧引导——睿智的德性。关于这一德性的一个奇特事实与我们强调的隐喻有关。在希腊文化转向罗马文化之后，实践智慧的德性以慧见（prudentia）的形式重新出现。它是罗马思想中四大基本德性之一，跟正义、勇气和节制并列。当这一德性在中世纪、文艺复兴和维多利亚的艺术中被赋予人形时，慧见女神（Prudentia）几乎总是手拿一面镜子。为什么？

在英语里，我们把慧见翻译成“谨慎”，而它经常跟维多利亚时代慎重或谦逊的态度联系在一起。这一意义并没有出现在实践智慧或慧见那些更古老的含义里。出于这一原因，绝大多数哲学家在说到这一德性时都倾向于选择“实践智慧”这个术语。但还是这个问题——为什么化身为慧见女神的实践智慧手里要拿一面镜子？她的另一只手通常会握一条蛇或某种海洋生物。尽管没有明确的历史说法，但这条蛇可能代表我们的世间烦恼——实践智慧能帮助我们面对那些棘手的、诡诈的挑战。

同样地，慧见女神的镜子可以有多种解释。其一，实践智慧要求看清楚事物，如实地看到它们。如果镜子就像普拉斯那“四方四正的小神”，能够向我们显示不被我们自己的偏见和期望遮蔽的现实，那这将有助于实践智慧。其二，镜子也是自省的工具，它总是与智慧相伴。不过还有第三个可能的解释，它能说明慧见女神的镜子为何总是以一种奇怪的方式瞄向她的身后——镜子能让我们看见身后之事。智慧至关重要的部分就是了解我们的过往，了解它与今日的关联，理解历史的模式如何塑造了我们当下的困局和未来的诸种可能。慧见女神的镜子代表了这种知识。

慧见女神的另一种常见形象支持这种解释。在提香这位文艺复兴时期画家的笔下，慧见女神有第二张脸——在她的头背面，朝后看。最合理的解释恰如亚里士多德所说，实践智慧产生自过去的经验，并不断地从中学习。但学习经验并不等同于重复经验。经验教会我们，我们是如何回应过去的世俗烦恼的。当我们反思经验时，我们对成功的策略更富信心，并将它们创意性地运用到新的情境中，但我们也能摒弃那些反复失败的策略。镜子的映射不是智慧，它是智慧所使用的工具。

正如我们所见，如果 AI 朝向身后的镜子是用正确的数据建造的，我们就能用它们提取出我们过往的那些不易察觉的模式。它们能让我们从我们的历史中学到更多，帮助我们避免重蹈覆辙。但是我们的过往远比数字数据集抓取的多得多。当我们在 AI 之镜中确实瞥见我们的过去时，关键在于不把这些模式错当成命运，或者允许它们变成自证其真的预言。毕竟，慧见女神用她的镜子来更睿智地前行。如果我们无脑地重复历史之镜中看到的东西，我们就永远没有习得那一知识，永远无法自由地尝试全新的和更好的道路。今天，我们站在一个紧要关口，面临选择：是要让那些在数字镜像中若隐若现、关乎帝国霸权、资源掠夺与强权统治的幻象，再次成为现实？还是该重新审视自我，去构想并塑造某种全新的存在、全新的可能？

我们绝不能把人类历史之镜当成 AGI 或我们自己命定的蓝图，但要做出改变。我们首先需要挑战今天使用 AI 工具的方式。在我们手上，它们越来越不像慧见之镜，反倒成了自动化的决策引擎，这些引擎更深地陷入我们过往世界失败的模式之中。我们需要勇气去想象超出主宰和剥削的零和游戏之外的可能。这些零和游戏从不是智能生命的标记。这些道路对我们来说已经走到了尽头；它们不能再继续前行，再往前是一片荒芜。我们必须寻找通往未来的其他道路，用我们最好的技术辅助而绘出的道路——但最重要的是，它是由道德想象、勇气、共享的智慧这些德性辅佐而绘制的道路。这是我们的新世界，它不是老旧世界的镜中投射。

第四章　文明人的思考

仅凭手和眼画画的画家，

不知为何而做，就像一面镜子，

复制它面前的每件东西，

却对它们的存在毫无觉知。

——列奥纳多·达·芬奇，《绘画论》（1513—1516）

1911 年，哲学家阿尔弗雷德·诺思·怀特海（Alfred North Whitehead）在他的著作《数学导论》中这样写道：

一个极其错误的陈词滥调……以为我们应该培养边做边思考的习惯。但情况恰恰相反。文明的进步，就是人们在不假思索中可以做的事情越来越多。

（46）

当然，怀特海当时谈论的并非AI系统，也不是AI所具备的那种能力——让人们在不假思索中可以做的事情越来越多。但他讨论的是与AI密切相关的事情：使用形式化和符号操作的数学技术让某些类型的问题解决自动化。怀特海使用了代数公式的例子，以x、y、z和+、( )、=等符号来表达交换律和结合律。他指出这些公式允许特定种类的推理被我们“几乎机械地”完成，无须调动“大脑更高级的能力”。[1] 他在讨论算法的能力——操作符号以解决问题的规则。

怀特海不想让算法把人类从思考的负担中彻底解放出来。他所强调的是，思考对人类来说是一件很昂贵的事情：“思想的运作就像在战斗中冲锋的骑兵——他们的数量要严格控制，他们要求活跃的马匹，并且只能在关键时刻发动。”[2] 我们通过机械式的重复计算完成的心理劳动越多，就能为真正需要思考的时刻保留越多的认知能量。

但怀特海没有预见到这样一个世界，在这里机器学习工具居然允诺去做骑兵的工作，且以更低的成本。也就是说，他没有预见到人脑的“更高能力”得去跟计算系统竞争的世界，这些系统比我们更快、更廉价地生产出人类思考的无尽镜像。他没有预见到机械决策制定者的设计，这种机器允诺把生成科学假说、艺术和文学创作、建筑设计、军事战略、国家政策、事关生死的道德决策，甚至宗教祈祷自动化。[3]

今天，AI 之镜被设计出来把最相因而生的、最复杂的思考形式自动化。这对我们共享的人性意味着什么？在怀特海庆贺算法自动化将会如何推动人类文明进步的一个世纪后，我们必须提出的问题是他以为无须提出的。文明人要保持哪些思考？

今天的媒体对 AI 和“算法力量”的执念很大程度上模糊了事实，那就是算法以有限的步骤来对特定的认知问题给出答案，这并不新鲜。这个词最初出现在中世纪晚期的拉丁语中，以 9 世纪数学家阿尔·花剌子模（Al-Khwarizmi）得名，它的所指包括最早为计数、加法、除法而设计的数学程序。这个词和它的所指早于现代计算。但现代计算已然赋予今天的数据算法广泛扩展的社会权力，尤其是那些嵌入 AI 驱动的自动决策系统。

今天，越来越复杂的算法决定和塑造我们的阅读和写作，我们在线上看到和听到的东西，我们被邀请去见或约会的人，我们被建议接受的医疗方案，谁会聘用我们，司法系统会如何对待我们，以及我们被允许在哪里居住。来自 AI 和决策系统算法更进一步的限制和影响，投射到文化、政府、商业的几乎每一个领域。由于社会权力的新机制总是具有哲学上的重大意义，因此当这些发展带来新的、紧迫的政治、认知和道德问题时，我们不应感到惊奇。其中便涉及对社会机制不透明性的质疑——这些机制如今正依赖于新兴计算技术而存在。

因为要确切地知道这些算法什么时候、如何以及经过谁的授权而对我们的生活产生重大影响，已经变得越来越困难。借用法兰克·巴斯夸利（Frank Pasquale）2015 年关于这一主题的佳作的书名，“黑箱社会”（Black-Box Society）中的这种算法不透明或缺乏透明度的现象，在人工智能驱动的世界中引发了有关正义、权力、不平等、偏见、自由和民主价值观的深刻伦理问题。由于其多重和彼此重叠的原因，算法不透明的问题变得尤其复杂：专利技术、数据集标注和整理不完善，机器认知速度和人类认知速度之间的差距越来越大，以及许多机器学习过程中固有的不可解释和不可预测的行为。这种行为甚至阻碍 AI 程序员对他们设计的 AI 系统内部运作有充分的了解，掌握任何特定输出的原因，或者在这些系统与其他社会、计算系统的复杂互动中测评其可靠性。

什么使得这一不透明这么难以去除？我们已经看到今天的 AI 系统如何映照和放大它们从海量的数据池里提取的统计模式。这些数据池是用来训练机器学习模型的。今天最强大的 AI 之镜能够提取的模式是观察数据的人类无从发现的。部分原因是它们处理的计算速度更快，也是这种类型的模型具有庞大的规模和复杂性——它们属于那种被称作“深度”学习的类型。深度学习模型是用多重数学层级组成的极为复杂的网络结构建造而成的。这些层级的结构和不同层级之间的联系由被叫作参数或权重的变量加以定义。大型语言模型早期的一个例子，谷歌的路径语言模型（PaLM），有 5400 亿个这样的变量。其他模型如今则是以兆级的变量受训。

通过在前向传播与反向传播中经多层内部结构处理计算，并持续调整自身权重以优化结果，机器学习模型最终能够收敛至最优解。也就是说，它能够解决我们要它解决的问题。当然，那是在我们能让模型工作时！建造这些模型看起来更像化学而不是传统的工程学，因为让一个深度学习模型整合可以是一件挺神秘的任务。但即使在我们能让模型给出答案时，人类也无法追溯或在脑海里表达解决路径。我们的心智无法有意识地表达十亿或兆级变量！它实际上不可能。这就是有时被称作“深度”学习模型固有不透明的东西。也就是说，一个模型有太多层级和权重。一个像这样的模型不透明，不是因为我们没有足够努力去研究它，或研究得不够久。数学如此复杂，以至于即使地球上最聪明的人从现在就开始研究它，直至宇宙热寂，它也还是不透明。

因此，当我们注视我们的 AI 之镜时，我们通常不能问这镜子，为什么它看到了它看到的东西。即使我们设计出一种方式去问它，要得到一个既可靠又可解释的答案也不可能

（可靠是指能给出正确的、准确的说明，可解释是说能用人类语词得到理解）。如果我们用这个工具要做的事情是推荐一种救命的治疗方案，拒绝某人的贷款或给他工作，控告某人诈骗，或者预测孩子的学习成果——这些都是目前人工智能镜像正在被用来做的事情——那么这就是一个很大的问题。如果我们既不能理解也不能盘问它们，那我们怎么能信赖这些决定呢？现在，人工智能研究领域有许多议程都在试图绕过这个难题，寻找新的方法使模型输出“可解释”。但这里有一个更深层的问题，那就是 AI 之镜正在限制我们自身思考的空间。除非我们提出这一问题，否则我们即将失去回答本章开头那个问题的能力：文明人应该保持哪些思考？

1956 年，哲学家威尔弗里德·塞拉斯（Wilfrid Sellars）谈到，知识发生在“理由的逻辑空间里，在此辩护并能够辩护我们之所言”。[4] 这意味着要成为知者——更宽泛地说，即像人那般的聪明——我们的心智就必须不只是事实或真命题的静态储存器。我们的心智必须是在理由空间中活跃且有能力的行动者。置身于理由空间中是另一个隐喻。它的意思就是处在一种能听见、辨识、提出和评估理由的心智位置上，典型的是与他人一道。仅仅有知识是不够的；我们必须能够制造它、评估它和分享它，而理由帮助我们做这样的知识工作。任何时候，当我们被问及这样的问题，“你为什么这样对我？”“我们为什么应该相信它？”“我们为什么要这样做？”“什么能为此辩护？”，或者“这为什么是好的？”，我们就在理由空间里被点名。花一点时间试着构想一个不再能有意义地提出或回答此类问题的社会。你能想象吗？你想象的那个还是一个社会吗？

为回答这类问题，必须有哪怕最低限度的共享理解。而要发展出这种理解，我们必须熟练地调适到符合证据与分寸的标准，这些标准掌管着理由的互换。如果我们希望理解我们自己和他人，我们就必须在理由空间内保持认知在线；我们必须感觉这一空间熟悉而且可以通行。通常，人们依赖于语言以共同置身于、通行于这一空间中，尽管这不是让理由变得可理解的唯一方式。手势和其他标识也能传达我们的理由。

哲学家伯特·海因里希（Bert Heinrichs）和塞巴斯汀·奈尔（Sebastian Knell）在2021年的论文《外星人在理由空间吗？》中论证说，我们称之为AI的那些计算工具并不能和我们一起置于理由空间中。复杂机器学习模型最强大也最危险的特征之一就是，它们能够以完全绕开这一空间的方式找出知识任务的解法。AI工具能够以理由的形式（断言、论证、反对、证成）生成映照我们的输出。但它们不是通过复制人类思考过程的方式做到的。其中的区别就像以砍断、劈开，再加固树桩的方式建造一间小木屋，和用模具挤压烤制的压花板建造一间小木屋。如果不仔细检查的话，两间屋子看起来挺像。但如果你想要看看后一间的图纸，那可没什么能给你看。我们在第一章已经谈及，这就是大型语言模型对它们回答正确的答案做出辩护都费劲的原因。不是用理由建造的答案，就很难理性地做出辩护。

来自模型的机器学习输出能够找到从任务到解答的最短数学路径，它不要求沿途遵循理性的蓝图。这就像一个登山者从一条标识清楚、安全、他人也可以走的路登山，跟一个被大力弹射器从山脚抛到山顶的机器人之间的区别。[5] 要记得，在这个比喻里的山代表真实世界里的问题。虽然机器人和人都到了同一个地方，机器人却能更快到达。如果最要紧的是最快到达，那才有趣呢！但唯独人知道这座山，也唯独人能够可靠地画出路线，指引其他人爬上去。

哲学家们，比如约翰·麦克道威尔（John McDowell）在 1996 年出版的《心灵与世界》，把塞拉斯理由空间的隐喻用到伦理或道德知识领域。因此，我们也能谈论道德理由的空间。这一“空间”可以用两种方式来理解。它是私人的心智空间，你在这里享受心理的自由，随意地反思道德上重要的事实、价值、可能性、原则、后果和理想。它们有可能告知并指引你自己的行动。每当你在生活中面临两难的道德抉择，不得不审视选择一种行为而非另一种行为的理由时，你就会占据这个空间。

但它也可以是一个公共空间，在此道德上重要的事实、价值、可能性、原则、后果、理想等，进入一个共享的道德对话之中。如果使用良好，这个空间能够告知并激发特定群体行动者的决定，不管这个群体是两个人，还是两亿人。

“空间”的隐喻代表道德思考和选择的一个开放视域。保留你通往道德理由空间的入口，对于你在道德世界始终“在线”，让道德成为你与他人共享生活的一个重大特征，是相当关键的。[6] 在那一空间之外，你作为道德存在者是极为受限的：你无法欣然检视、说明或从道德上辩护你的行为。有些人就是避免进入那一空间，他们选择无道德地生活。其他人或许无法进入，这是对反社会者病理的一个合理说明。但如果我们都不能进入或共享那一空间，我们就不能以一个道德群体的方式行动，在塑造和指引社会时，我们也不会有可以共同借鉴的道德智慧。

道德理由的空间经常受到社会强力的威胁，它们让人更难带着道德思考“在线”。历史上，这些威胁包括鼓励我们把道德思考任务（通常作为一揽子交易提出）留给神或者领袖的权威意识形态，以及愤世嫉俗的哲学。这些哲学把道德刻画为“政治的手段”（或者无望天真的徒劳）。今天，AI 对我们的道德能力设置了一个新的威胁。它提出把思考这一艰难任务从我们颤抖的人类之手中拿走，这看起来极富欺骗性地合乎我们的心意，中立且非政治，甚至“聪明”，却让这一提议更加危险。

当然，历史那伟大灵魂的万神殿里包含许许多多对此类威胁进行反抗的声音。他们中有无数的诗人、小说家、哲学家、神学家、活动家、艺术家和反抗者。他们坚持认为人类应该对我们道德理由的私人和公共空间保持开放。有些人依然声名显赫，有些人则被遗忘或始终默默无闻。欧洲传统的学者会历数雅典、罗马的黄金时代，欧洲的启蒙时期，以及 20 世纪的各种公民和人权运动。他们认为在这些时刻道德理由的空间被捍卫并保持开放，时常以巨大的代价。其他传统和历史则讲述他们自己无数的抵抗故事。今天，AI 之镜为道德理由空间投下了一个潜在的全球威胁，而我们需要一种新的抵抗。

在私人生活和公共生活中，道德理由空间都在缩小。这是我们日渐仰赖越来越不透明和自动化的机器决定的一个结果。这样的仰赖本身并不新鲜。算法自动化几十年来被用于各种事情，从信用积分和贷款审判，到导弹目标锁定和军备运输计划，再到社会关怀和福利的发放。这些决定总是极难被拽入道德理由空间。官僚系统的复杂机制被发明出来，以让这些决定的理由可以不被检视，或不被受其影响的人挑战。

但是现代公共和民权法很大程度上属于对这种透明性和可争论的要求。在过去一个世纪，很多国家在市民生活的关键领域取得了来之不易的进展，从贷款、就业，到刑事司法、投票和教育。就想想美国1968年《公平住房法》这一个例子，它为受到不公平的住房歧视的众多受害者创造了纠正的方法。以其目前的形式，今日的AI之镜在严重威胁这一进展。批准住房或贷款申请的自动系统的不透明使得个人几乎无法证明任何歧视的因素。2019年，特朗普政府采取行动，保护自动住房算法的用户免受歧视的法律索赔，只要第三方供应商能担保该算法是“公平的”。2023年，拜登政府撤销了这一举措，但要求索赔者怎么能知道或证明他们曾是算法住房歧视的受害者，这仍然不清楚。这一问题概括了其他领域中无数的算法决策，从保释建议到医疗保额。

这一危险被今日最强大的AI之镜做出自动化决策时的两个共同因素放大了。第一个因素是它们的不透明，人类无法审察、验证和说明——甚至专家也是如此。第二个因素是生成AI模型不断增强的能力，它们能制造道德推理的合理复制品，这给AI输出披上了一层虚假的公共合法性外衣。我们会失去什么？我们可能失去的是共同反思社会行动及其道德地位的空间；我们可能失去的是公开质疑的空间，针对那些由 AI 工具自动或不透明得出的高风险决策和政策，驳斥它们的正当性、良善或合宜；我们可能失去的是为自己和他人对此类决策及其后果承担道德责任的空间；最终，我们可能失去的是道德想象的空间，去探索集体行动和社会政策的新的、更好的可能性。

如果我们不做点什么去阻止它们，这些损失肯定会降临，融合的环境、经济和政治危机要求集体智慧和集体行动，以保存长期的人类与星球繁荣的那一刻。但即使在短期内，我们也无法承受这些损失。它们有折损仍然脆弱的民主和法律结构的危险，那是历经数百年才建立起来的。幸运的是，这些损失不是不可避免的，其结果完全掌握在人的手中。AI 目前被有权势的人类活动者当作工具使用，以隔离道德理由空间。但公众的反抗运动完全可以提出诉求，要求以不同的方式使用 AI。正如我们将看到的，只要我们愿意，AI 甚至能被用来打开、拓宽进入共享道德理由空间的通道。如果我们不做此选择，我们自己就会日渐被逐出这一空间。然而，只要我们还想完成自我建造那最紧要的人生任务——选择我们接下来将要成为的，以及要怎样去解决今天威胁到人类文明的那些政治、经济和环境中的集体行动问题，那我们就必须始终居于道德理由空间。这些是我们的冲锋骑兵，是我们必须保有的思考。

早在深度学习时代之前，算法不透明和自动化对理由空间的严重危险就被预见到了。在1955年的短篇小说《选举权》中，科幻小说作家艾萨克·阿西莫夫（Isaac Asimovi）给我们创造了诺曼·穆勒（Norman Muller）这个人物。他是一个普通白领，有典型的文员气质。故事设定在2008年，他被美国民主的人工智能仲裁者马尔蒂瓦克（Multivac）选中，代表选民们选出下一届的美国总统。通过让人印象深刻的、庞大的计算（这些计算甚至对马尔蒂瓦克的操作者都是不可理解的），马尔蒂瓦克这台超级计算机表明，印第安纳州布鲁明顿的诺曼·穆勒先生那极为平常的心智，最能代表选举的集体意志。马尔蒂瓦克的系统管理员约翰·鲍尔森（John Paulson）敷衍地解释道，通过询问穆勒，马尔蒂瓦克就能以很高的数学精确性宣布获胜的总统候选人，就像它对所有竞选结果——“国家的、州的和地方的”，公布过的那些无懈可击的精准预测一样。当然了，考虑到马尔蒂瓦克有这样的预测能力，“选举绝不是它唯一被用作的事情”。

但穆勒在选举中的作用并不是向马尔蒂瓦克表达他认为谁应该当选总统的个人判断。那就不是民主了，而是一个人的统治。准确来说，通过向穆勒就一些极为无聊的事项提出一系列看似任意的问题，比如鸡蛋的价格，同时监测穆勒在回答时的生物测定数据，马尔蒂瓦克计算出美国选民在那一特定的历史时刻的“某些难以估量的心智态度”。获知这些“难以估量的态度”，辅以马尔蒂瓦克所知的其他成兆的数据，使得它能以极大的准确性计算出美国选民最终的选举结果。

这个故事让读者毫无理由质疑马尔蒂瓦克的预测能力，也丝毫不怀疑其系统安全能抵御篡改或腐败。同样地，系统管理员反复向穆勒强调他们共同的公民义务——要对整个过程的细节保密，以便保证这些工作（尤其是人员这部分因素）完全隔绝于“外部压力”。就像今天的AI之镜，马尔蒂瓦克是一个算法的庞然大物，它的存在依赖于无数的人类技术员和管理员（以及像诺曼·穆勒这样的人类输入）；但它却是极其不透明的。这一不透明在不同层面上被一再强化。

首先，马尔蒂瓦克的计算能力和速度极大地超过了人类思考所及。其次，马尔蒂瓦克的系统建构和内部逻辑与人类推理并不同构。毕竟，你要用什么样的推导才能从询问鸡蛋价格或是否“青睐中央焚烧炉”来找出某人政治倾向里那些“难以估量的态度”和细节呢？最后，判断的规模是无法比较的。马尔蒂瓦克可以就所有已知事实的海量数据进行相关性的统计分析，而人类选民则以其本性上的认知局限，在知识和推理上更为狭窄，更专注于已知。虚构的马尔蒂瓦克的这三个特征在今天真实世界的AI之镜中都能找到。

这些还不是仅有的雷同。像OpenAI、微软、谷歌深度思考和Meta这样的科技庞然大物把它们所拥有的大型AI模型的训练数据、算法技术和最终权重当作公司机密严防死守一样，在《选举权》中，马尔蒂瓦克的内部运作对公众也是高度不透明的。在这个故事里，美国选民知道马尔蒂瓦克根据对某一个代表性个人的询问算出选举结果。但它到底怎么询问，结果怎样计算（仅在有限程度上被人类系统工程师理解），则是国家安全基础部门严格保守的秘密。

虚构的马尔蒂瓦克准确地反映了美国选民的最终结果，而今天的AI工具正在被设计成反映人类几乎所有其他决策过程的结果，从招聘、新闻报道，到法律实践。这些产出如今仍然错误百出，但科技公司正花大价钱投在尼泊尔、肯尼亚或马来西亚负责评级、标注和训练的计件工上。他们可以为了几美元工作一整天，以让这些模型的镜像映射更合我们的预期。[7]那些没有被看见的、没有得到认可的工人是隐藏在AI背后的不可见智能。他们不辞辛劳地工作，不仅操纵这些模型得出更准确的结果，也清除那些令我们害怕的东西：儿童色情、被记录的自杀、虐待动物——那些给许多人的生命烙下红字的东西。[8]它们被由计件工抛光的那些镜子抹掉了。绝大多数计件工无法在AI之镜中看到他们自己的生活和话语。他们只需要打理这面镜子。他们日复一日地暴露在摧毁生命的心理恐惧之中，只为净化给我们其他人看到的自我镜像。然而，不管AI镜像如何让我们满意，我们还是无法检视它们背面的理由。或者，更准确地说，那里就没有任何能看到的理由。

2008年已经过去好多年了，在那一年阿西莫夫为我们构想了美国政治选举权的完全自动化。今天，美国选举还是由个体选民来完成，即使有机器人、喷子和水军在社交媒体上持续制造政治虚构和AI深度伪造（deepfakes）混淆视听。但阿西莫夫在《选举权》里想象的各种不透明形式的每一种都已然存在于今天被广泛运用的AI驱动决策系统之中——最为严重的是那些依赖无监管或自监管深度学习算法的计算系统，它们给可靠的人类解释、核验和审计设置了非同寻常的困难。

这些系统如今被用来在声音、图像、邮件、社交媒体和SMS数据中识别恐怖分子的威胁和目标；在被告的保释、判决和假释评估中分派风险分数；决定执法人员在什么地方、什么时候最有可能遭遇某些犯罪；或者诊断癌症并推荐个性化的治疗方案。其他系统会计算你有多大可能“适应”企业文化并留在你所申请的公司，一个陌生人与你的恋爱偏好有多“匹配”，你有多大可能偿还你正在申请的商业贷款，或者你的孩子在一所精选私立学校茁壮成长的机会有多大。这些就是掌控我们的生活会多么美好或悲惨的那些决定。然而，这些系统没有一个能让一般用户——换句话说，在某些情况下，甚至系统维护者、程序员或管理者——精确掌握这个决定过程是如何执行的，或者哪些显著因素在驱动算法的结果。

2018 年，推特的一位发帖者指出，他的父亲把 Gmail 的自动完成工具用作建议来源——通过电子邮件向自己发送一个决定，然后查看自动完成工具是否给出了认可的回复："如果它说'这是个计划'，你就知道你有事可做了。"今天，我们以大型语言模型的方式拥有 AI 之镜，它们不仅能批准你提交的计划，甚至能编出一篇文章，来给你合理的"理由"同意它。然而，这不过是对人在同意事情的时候可能说的话所做的一个统计学猜测。试图寻找 AI 决策背后的"想法"就如同在浴室镜子的另一面寻找你的身体。

在阿西莫夫的故事里，我们倾向于质疑选民的政治选举权如何能在算法不透明的这种情况下得以保留。但是我们必须注意到这一情境中最扰人的一方面——它也是我们目前的现实——即它推动了理由空间的收缩。诺曼·穆勒没有理据去周详地思考他自己的政治判断。首先，因为他假定他永远也不会是那个被选中来被马尔蒂瓦克直接询问的美国人。其次，因为哪怕被选中，马尔蒂瓦克也不需要就政治或工会的良善详细地询问他的个人意见，更不会让他为这些意见提供辩护。

在《选举权》中公共政治对话差不多浮于表面。当然，故事告诉我们，政治家仍在竞选，选民仍在形成意见，但这些意见的明确公共推理与最终投票之间的因果联系却消失了。如果马尔蒂瓦克能通过间接的、不可见的方式正确地预测所有人的投票，那选民们何必需要去理解他们邻居的理由或说明支持他们自己观点的理由呢？这个故事的背景预设是马尔蒂瓦克的预测即使不完美，至少也跟合计出的数以百万计的真实选票一样准确——还没那么费钱和烦琐。

同样的论调也出现在今天人类机构对 AI 之镜的使用中，它们使事关生死的决策自动化。没有任何可信的 AI 研究者声称，当前运行的计算机能真正理解无人机打击目标决策或量刑建议背后的道德、法律及政治深刻内涵，更别提对此进行明智的推理了。但如果 AI 工具能够做出的决定，像有瑕疵的人类用理性做出的那样可靠——只不过更快更便宜——那么效率至上的逻辑就会让我们舍弃推理过程。如今，这种人类在模拟决策中产生的多余且无用的部分显得毫无必要。当下，社交媒体上以及我们的议会和国会中的公共推理和决策质量如此糟糕，以至于人们只能在愤世嫉俗的绝望中寻求慰藉。或许人类根本就不擅长理性思考。在这种情况下，机器的表现又能差到哪里去呢？

如果我们屈服于这种逻辑，我们会失去什么？我们已经提到过，这可能会给我们的共享道德反思能力、集体道德诉求能力、共同分配责任的能力以及给未来进行道德想象的能力带来风险。也需牢记，像道德想象和责任这类德性只能通过实践来培养；我们通过做事而不是单凭意愿来获取德性。如果自动化推理排挤了我们亲自实践道德和政治推理的机会，它就会带来我所说的“道德技能退化”——它是 GPS 的道德同等物，后者让人无法用地图找路。[9] 只要卫星还在工作，我们就甘愿接受这笔交易。阿尔弗雷德·诺思·怀特海也可能把这笔买卖当作进步的代价，探路是我们又少做的一件麻烦事。但我们应该接受同样的讨价还价买卖，交出道德和政治慎思的能力吗？由此我们会多得到什么呢？

对于像我这样的德性伦理学家来说，显而易见，为道德理由保留充足空间，无论是私人领域还是公共领域，都是获得实践智慧这一德性的必要前提。这是我们在第三章提到的那种德性，被亚里士多德称为实践智慧的那种德性，在英文里，我们一直译成“慧见”。这种培育和协调其他所有德性的德性，让事关道德和政治事件的私人和公共推理能够精益求精。但如果我们被否决了亲自投入这类推理并从它的后果中学习的机会，我就不能发展它，你也不能。除此之外，实践智慧是能够推动道德和政治创新的德性。因为它把我们先前经验中的推理跟道德想象之类的其他德性相连，使得我们能够解决未曾遭遇过的道德难题。今天我们有一堆这样的难题。

就像哲学家汉斯·乔纳斯（Hans Jonas）在其1984年的著作《责任律令》中提到的，在20世纪之前，人类从不曾面对这样的道德问题，“我们如何在活着的人类个体的需求和利益与地球生命未来的命运之间取得平衡？”后者的命运不是简单地取决于我们——至少在我们的核武器、生物工程、工业化石燃料提取把终结地球的生命之光这种能力交到我们手里之前。但现在我们有了这种能力，就有责任去决定要如何使用它。这一任务将会倾尽所有我们共同积攒的实践智慧。

因为这一责任，实践智慧就不只是关于如何优化个人或集体存活的算计推理。它也是自我建造的存在推理——决定我们应当努力成为什么样的存在与社群。能够设法解除危机的人类力量不止有一种版本。其中一种可以通过对最脆弱者的虐待和剥削得以生存。另一种则可以通过进一步的团结和道德勇气得以生存。在我们的众多可能性中，我们会选择将哪些版本的自己变为现实呢？这是智慧必须加以指引的任务。但就像汉斯·乔纳斯所见，“在我们最不相信智慧之处，我们最需要它”。[10] 今天，我们正在缩小道德智慧得以培养和实践的空间，而恰恰在这个时候，人类未来的命运却依赖于我们拥有这种智慧。

算法决策系统长期以来一直存在这种风险，但如今更为强大的AI之镜放大了它。以往的算法决策模型对决策受众是不透明的，但设计它们的人类官僚却对它们了如指掌；与以往的算法决策方式不同，如今的深度学习决策所产生的精确因果链，即使是最有天分的 AI 研究人员也难以理解。如果当权者本就无法提供解释，甚至在他们想提供时也无从给出，那么要求他们做出解释就显得很难。因此，不透明的 AI 决策系统对当权者来说是相当具有吸引力的工具；它们提供了一种几乎无懈可击的问责防护盾。

最后，当今的 AI 之镜还以另一种方式放大了算法决策系统的危险性。原因在于，与早期那些只会给出带标签或置信值结果，除此之外保持缄默的算法工具不同，当今的人工智能镜像能够并且确实会胡扯。在 2005 年《论胡说》（*On Bullshit*）一书中，哈里·弗兰克福（Harry Frankfurt）将胡说诊断为当代对真理最有害的威胁之一。这本书成为当代为数不多的能立即引起大众共鸣的哲学著作之一，而且它的意义在今天也仍不过时。

弗兰克福论证的关键是谎言和胡说之间的区分。当一个骗子撒谎，他们热切地希望你相信谎言而非真相。那么，欺骗的意图给骗子以强烈的意愿去关注真相。他们不得不仔细地捕捉真假之间的差别，以确保你不会获悉真相。因此真相对于骗子来说很重要。他们清楚它在科学、道德和政治方面的价值，这也是为什么他们试图让你远离真相。与之相对，弗兰克福观察到，胡说者根本就不在乎。也就是说，胡说八道的人对真与假的区别漠不关心。他们甚至根本不与我们共同置身于重视真理的场域。他们只是在自说自话，或者是为了让自己显得知识渊博，或者是为了维系自身的权力地位。

弗兰克福的核心观点在于，相比说谎，胡说八道对我们的社会根基更加危险。说谎的行为通常有选择性，且精心设计。那些说谎成性的人很容易就会被社会识别为不可信任者。除了他们，说谎在其他人手里都是一件利器。如果你想让它起作用，就不能一直用。你需要确切知道你撒了哪些谎，对谁撒了谎。另外，胡说则会不加区分地乱喷——对有些喷子来说，它是一天 24 小时、一周 7 天的惯常操作。这是现代媒体操纵者最喜欢使用的工具。他们以右翼媒体布莱特巴特新闻网的前任领导、唐纳德・特朗普的首席战略官斯蒂芬・班农（Steve Bannon）为榜样。众所周知，班农在 2018 年坦白他采纳了“用垃圾信息淹没舆论场”的策略。要给媒体使障眼法，你不必费心设计一个需要被圆的谎。你只需要向公众谈话灌注大量的虚假信息，这样就没有人能发现真实。而且就算他们发现了，他们也没办法区分真实与虚构。灌就够了，这样人们就会停止尝试。

今天的 AI 之镜，尤其是生成式大型语言模型，最该让我们担心的就是它们出自本性地胡说八道。也就是说，它们不像传统的搜索算法——这些算法查找且提供有用的事实——它们也不是设计出来对你撒谎的。它们本质上是被设计用来生成类似事实的语言模式——听起来像是某人对一个给定提示词可能会说出的合理陈述。这些产出是真是假，对一个生成模型来说丝毫不重要。在这个意义上，它们就像人类胡说者。它们不是为求精准而设计的——它们是为听起来准确而设计的。许多人担心，这会使得它们成为“淹没舆论场”的完美工具，灌注比我们今日媒体环境中已经飘浮的还要多的虚假信息。就像我们在第二章看到的 AI 编造的例子，问题是真实的：ChatGPT 对话框里自动生成的胡言乱语，如今能在法律文件、新闻稿、社交媒体帖子、科学预印本和无数剽窃的学生论文里看到。

这严重危害了道德理由的空间，以及我们与他人寓居其中的机会。一个明显的理由是，就算我和其他人仔细思量公众关切的问题，他们或者我的看法中有许多却有可能是我们在读到或听到的那些内容里挑选出的 AI 生成的胡言乱语，还错以为真。另一个关切之点在于这些工具生成的虚假信息洪流，加上社交媒体上人类生成的虚假信息浪潮，有可能让我们中的绝大多数无望去检视它，令我们不再力图使我们的决定、政治立场和公共政策立足于事实。到那一天，谁最有权势、影响力或资源，谁就赢；也就没什么好讨论的了。

更糟的是，这些新的 AI 之镜能够以这样一种方式精调，以至于成功地把它们的胡言乱语装扮成合理的论证和论据而被接受，生成连苏格拉底的劲敌都会因嫉妒而哭泣的无脑诡辩。在这种情况下，今天仍然不透明、无法回答其公民的算法官僚，就会摇身一变开始“讲话”——通过 AI 之镜的传声筒，完美地告诉公民他们想听到的一切。幸运的是，我们今天的 AI 之镜所生成的胡言乱语通常可以从其千篇一律的品质中被识别出来，这有点像汽车销售员那种圆滑油腻的推销话术，毫无新意，如同蛋黄酱一样乏味。正如杰西卡·里斯金（Jessica Riskin）在《纽约书评》中谈及她正在批改的 AI 生成的学生论文时所说，AI 之镜炮制出的冗长、看似完全合理且表述流畅的文字，读起来常常就像日光灯照明般平淡无奇。[11]

但在你读到这里时，情况可能已经变了。因为模型设计师们开始倚重智能人类评价员的怪异口味来精调模型，直至它们带着更多的人类趣味和个性来模仿我们的思考。那时我们也许会更容易发现自己绝大多数时候在跟我们的 AI 之镜说话——而不会意识到已经被带离了那个我们的道德和政治能力得以生长的空间。

不过，回头看看我们已经在多大程度上容许道德决策的算法自动化来消减我们共享的人性还是有意义的。这些算法用的是比较简单的 AI 之镜。一个最好的例子是司法判决中的专有算法。ProPublica 新闻网在 2016 年划时代的深度报道系列“机器偏见”中，揭露了美国多个州使用风险算法来做保释和其他司法判决。[12] 这些算法中有很多在原则上是可解释模型。也就是说，它们不像我们之前描述的那样本性上不透明。然而在大多数情况下，针对个体被告的风险评分会直接提交给法官和假释委员会，既没有对评分依据及其局限性进行公开透明的分析，也没有针对如何负责任且有效地使用这些评分制定必要的培训内容或标准。法官、被告、报道者一般都对这些算法摸不着门道。

与之相反，ProPublica 团队分析了诺斯普恩特公司（Northpointe）的 COMPAS 算法在预测罪犯再犯风险方面的结果。他们发现它错误预测黑人被告会再犯的概率几乎是它错误预测白人被告再犯概率的两倍。类似的种族不公也出现在全球多个其他类型的算法系统中。请记住：使用 AI 之镜来使一个本就不公正的系统自动化，不仅会反映出现有的不公正，还往往会放大这种不公正，并将其投射到每一项决策之中。

COMPAS 调查工具并没有询问被告的种族背景，因此这个偏见是通过未知的种族代理侵入的。我们在第二章讨论过这种现象，AI 之镜无须通过明显地标注我们的偏见来发现和复制它们。对 COMPAS 算法这类工具带有的种族偏见进行更深入的学术分析表明，这些算法在设计上不可避免地存在一种权衡，即在假阳性结果的种族平等和真阳性结果的种族平等之间难以兼顾。[13] 也就是说，在许多情况下，你可以实现算法在高风险预测准确性方面的种族公平，或者实现算法错误所伤害对象的种族公平，但你无法同时拥有这两者。

若真如此，这就为实质性的道德和法律审议提供了一个机会：关于正当法律程序和无罪推定的价值，以及倾向有色人种被告的那些错误的有罪预测所造成的特定社会伤害和代价。但这种对话不会发生，因为诺斯普恩特公司拒绝分享专有算法的细节。那么，研究者对其设计缺陷的怀疑又该如何确认呢？由此，我们迫切需要就这些工具展开的道德和法律讨论只得止步不前。这也阻碍了被告给出一个有理据的论证来说明，在他的案子里该工具的使用造成了偏见；同样地，它也让批评者失去了跟公司或法律制定者为做出适当弥补进行公开论理的机会。通过关闭我们进入道德理由空间的通道，这些工具阻断了我们对以算法为中介的判断的正当性、善意性或适当性提出申诉或质疑的能力，而这正是那些试图逃避批评的不公平机构有如此强烈的动机要把我们置于这一空间之外的原因。

道德理由空间也允许人类对他人传达的新的道德理由，或我们环境中新的道德信息做出回应。只要思考和选择的过程保持开放，就有虚心改正或彻底改过的时间。即使我已经决定了，一种新的声音、一个新的洞见所蕴含的智慧也会促使我重新审视、回溯、调整或者撤销决定，就像我重走昨天的路，又毫无准备地绕开一样。就算木已成舟，或者一时冲动，我也能带着弥补的意愿使用道德理由空间：在时间允许的情况下，对一个仓促的、情绪化的决定进行仔细的道德审查，以使我认识到我的习惯和冲动如何或好或坏地服务于我或他人。

想想马尔蒂瓦克的情形，一次精准和明确的判决预测了选举的结果，而无须混乱的投票。这是官僚的梦想。我们把它跟美国总统选举做个对比。美国投票模式比较透明（通过投票率数据、投票站民意调查、本地计票统计、选民谈话和其他指标），这使得公众能够针对什么样的社会因素、群体和事件会影响结果进行讨论，不管讨论有多混乱、多不和谐。在美国，福音派基督教会的影响力、“黑人的命也是命”运动、投票权与堕胎权的削弱、千禧一代的不满情绪、特朗普政治的影响、被剥夺权利的工人阶级、白人至上主义者，以及社交媒体上的“匿名者Q”阴谋论等诸多因素，或许无法带来任何形式的社会凝聚力或和解。但我们笨拙的模拟投票实践跟虚构的马尔蒂瓦克不一样，它还是提供了公众和私人论理的空间，让我们对道德和政治选择的原因与价值进行讨论。事实上，今天众多选举进程中明显的混乱倒是揭露了重要的真相，世界曾经占主导的政治和道德愿景已经严重破碎。即使是看着一团乱麻也比盯着一个黑盒子更有启发性！

今天没有人会想启动一个马尔蒂瓦克。但跟它同样不透明的AI之镜则正在越来越多地被大型公司和机构用于决策，比如正被绝大多数大型组织的人力资源部门使用的那种招聘软件。2016年《哈佛商业评论》的一篇文章估计，有“72%的简历在还没被人看到之前就被算法淘汰了”。[14]2018年，67%的招聘经理和人员在领英（LinkedIn）的一项调查中表示，他们用AI来筛除应聘者以节省时间。这个比例现在更高了。从理论上讲，招聘算法本应促进员工队伍更加多元化和更加合乎规范，绕过那些人类评估者通常的偏爱或不喜欢，且与候选人素质并无可靠关联的无关因素，如欧洲人或男性发音的名字。但实际上，招聘算法经常映照、加固，甚至放大这些根植在其训练数据里的同类偏见。

哈佛商学院2021年的一篇报道发现，自动化的简历筛查和应聘者评估系统正导致劳动市场的崩坏。它们筛除并丢弃数百万资质过硬的申请者，而这样的算法筛除系统多半已被历史偏见污染了。[15]比如说，如果一个机器学习算法用特定行业里前员工的数据受训，在训练数据集里“学习”到男性工程师被招聘的次数更多，晋升的速度更快，那么算法很可能会在今后的工程工作中不公平地偏向男性候选人。除非专门编程避免这一陷阱（在机器学习中说起来容易做起来难），否则 AI 之镜将重现历史模式。

AI 之镜无法知道，也无法习得，数据有可能会映照历史上针对女性工程师根深蒂固的不公平偏见。这是因为它不懂历史，也不懂偏见或正义。系统看不出一个人出于一个好的理由跟出于一个坏的（但被广泛使用的）理由而被招聘和升职之间的区别。这就是我们的 AI 之镜并不跟我们同处理由空间的原因。这也是亚马逊在 2017 年不得不废除它的一个招聘算法的原因，因为它学会了将曾就读于女子大学或曾担任女子国际象棋俱乐部主席的应聘者降级。同样的情况也可能发生在过去基于经济阶层、原籍地区或大学背景声望的招聘偏见上。这就是为什么现在有些求职者会在简历的空白处用白色字体隐藏“哈佛”或“剑桥”等字样，希望以此来规避算法对常春藤盟校求职者的偏见倾向。[16]

HireVue 软件提供一项运用广泛的服务，使用不透明的专有算法来分析面试视频、基于游戏的评估，还有聊天机器人跟应聘者的对话，来为公司预测求职者的“适应能力”和“潜在领导力”等特质。如果一个求职者被系统拒绝了，我们有多大把握说这与工作相关的个性特征有关，比如说易怒或欺骗，而不是算法标记出的异常肌肉抽搐、地方口音、特定文化的面部表情或手势、体重、年龄或残疾的外部迹象、与种族有关的方言？所有这些都是歧视合格求职者的不道德的和 / 或非法的理由。

虽然 HireVue 吹嘘他们的技术的确弱化了人类偏见，但我们无从知道它的算法在这些方面是否有歧视。你可能会说人类面试官在这些方面通常是会歧视的。这是真的！但至少如果我们认为人类面试官不是客观的分析师，我们也能够问问他们的理由。一个人类招聘委员会可以对其成员施压，以让他说明，一名其他成员都觉得很有资质的应聘者，他不喜欢或不信任的根由。如果他始终给不出好的理由来支持其判断，委员会还可以对该成员的判断忽略不计。在理由空间里的这类对话不会发生在人类招聘经理和 HireVue 算法之间。

想象一下，奥菲莉亚在一家大型工程公司应聘，而这家公司用这样的招聘系统来对应聘者做自动筛除和面试。假如说奥菲莉亚的申请被拒，而一位经验远不如她、资历也更浅的男性朋友得到了面试机会。谁或者什么应该为这一决定负责呢？她又怎么能知道呢？她能问谁？人力资源代表？在过去的年代，奥菲莉亚至少知道欠她一个交代的是人。人力资源代表有可能会撒谎，但不管怎样，总有个人，一个能够给出理由的人，要对这个决定做出说明。在自动化的招聘链里，谁来给奥菲莉亚交代呢？没有任何人能够。

公司的雇员无法复制导致招聘算法筛掉奥菲莉亚的特有

的计算过程。这个算法本来就是专有的，而且这个模型若是用深度学习和其他不透明的 AI 技术训练出来的，那么创造出这一模型的软件工程师和数据科学家也不会知道在特定情形下是如何或为什么工作的。因此，或许奥菲莉亚被拒是因为算法不公正地歧视女性（在这种情况下，那些设计和训练算法的人难辞其咎）。或许她的被拒是因为面试中的某些回答组合在训练数据里与雇员偷窃贪污有密切关联。又或许奥菲莉亚上的爱丁堡大学，而数据集里有一堆爱丁堡毕业生在工作第一年就被刷掉的统计数据。我们能想象一千种其他的可能性。有些会反映不雇用某人的合理理由，而有些则会反映不雇用某人的不合理理由。如果奥菲莉亚不知道哪一个是刷掉她的理由，也没有别人知道，那我们就整个地失去了就此事的影响进行推理的空间，也失去了让招聘决策系统对此负责的可能。

因为道德理由空间对于反思、质疑以及让我们自己和他人对个人和社会选择负责至关重要，所以我们需要确保我们的 AI 工具不会被用来剥夺我们进入这一空间的权利。而且道德理由空间还有一个最终的、向前展望的作用。它能够激发并鼓励人们在思考和权衡不同的道德推理与判断模式时，运用道德想象力。要对我过去的道德选择进行推理，总要诉诸道德的反事实："如果我当时那样做 / 那样选择 / 那样说，又会如何？”通常，我们自己和他人之间，或者自我和其良知之间，又或公众和公众良知之间出现给予理由和要求理由的状况时，这类推理就在其中开始了。“你们 / 我们为什么没有这样做？”“为什么你们（或者我们）想要 / 看重那个？”

要回答这类问题，我们经常不得不建构另外一种历史，在其中不同的动机和想法导向一个不同的决定。我（或者在公众推理中的我们）可以决定这些替代动机和替代理由完全错误还是不相干。我有可能得出结论说，我（或者我们）还是不该做另一件事。但道德学习和成长扎根于道德想象空间。在那里，我（或者我们）能够认识到能为我们所用的、其他的、更好的选择，只要我们运用过另外的、更好的推理、感受和评价模式。在这里，我们可以决定下次要更好地推理，要做得更好——能够说出更有鉴别力的话语，招聘时更加公平，投票时更有责任，生活更可持续，战斗时更加勇敢，或爱的时候更无保留。这正是孕育未来的沃土。

但是，当 AI 之镜将我们从混乱、低效且充满缺陷的思考场域中驱逐——当我们甘于成为机器的被动输入源及其输出的受益者——这片沃土便随之流失。与之一同消失的是我们自我建造的可能性——通过有意义的道德反思、道德诉求、道德责任和道德想象。没有这些，我们是什么呢？那只能是我们已是的东西。用 20 世纪计算机先驱约瑟夫·魏岑鲍姆

（Joseph Weizenbaum）的话说，“只允许提出特定种类问题的计算系统，只接受特定种类‘数据’的计算系统，甚至原则上不能被依赖它的人理解的计算系统，这样的一个计算系统实际上关闭了在安装这一系统前原本敞开的很多扇门”。[17]

虽然要设计出在各方面、各种情况下都相当公平和准确的预测算法和其他AI决策工具几乎不可能，但还是有很多研究者在探索让AI系统变得更准确、可靠和公平的方法。这些方法包括用更多元的团队和更多的利益相关方来建造模型，预见到需要被削弱的可能性偏见和社会影响，审核对边缘脆弱群体的异常或不公正的影响，并且“把不确定性的负担”从受影响群体转移到决策者身上，以鞭策AI设计者和用户寻找出更好、更相关的数据来训练算法。[18]

尽管这些建议可能有用，但它们回避了本章提出的问题。因为即使可以激励设计者和用户在使用人工智能时促进更好、更公平的社会结果，但如果没有任何共同努力使系统本身对用户或公众更加透明，或让人类推理者参与到具有道德和政治意义的决策过程中，这可能仍然无法实现。此外，这无法阻止我们把自己的决策扁平化到AI之镜投射的维度上。亨里克·斯考格·塞特拉（Henrik Skaug Sætra）告诉我们，机器镜子映照出一个理想，在其中“人类情感的现实，它们与人类决策之间的关联被掩蔽、忽略，有时被遗忘了”。[19] 正像他指出的那样，没有情感的决策常常是更糟糕的。因此，充满道德感地设计和使用人工智能之镜来反映人类决策，需要的不仅仅是公平、公正和准确的结果。如果以其他方式阻止进入道德理由的空间，那么仅有透明度也是不够的。我们必须认识到人类参与道德和政治思考的内在价值。

在一个能认识到这种价值的未来，负责造出决策工具的AI开发者就会问他们自己：这个系统映照或复制了何种思考？那些思考过程没有真正的价值吗？还是我们必须保有的思考？自动化决策系统的管理者应该问：能够为这一系统对公共理由空间的影响做出何种辩护？这些系统的部署者则会问：这个工具如何能够用来保存、扩大，而非收缩或消除这个组织中人的思考和推理空间？AI研究者会问：AI的计算能力如何能够扩大人类的理由空间，并能为人类提供更宽敞、更有效和更公平的入口？在一个以“机器思考”作为人类和计算机基准的世界里，这些问题不会被提出来。在一个理由空间蓬勃发展的世界里，这些问题必须被提出来。

尽管阿西莫夫的马尔蒂瓦克不会马上出现在我们接下来的选举中，不过它的近亲却已经在很多私人和公共决策领域成形。这些决策关乎具有重大道德和政治意义的健康、公平、劳动、金融、教育、家庭和社群生活等事项。在越来越多的领域中，随着AI的力量和预期社会经济效用的扩大，道德理由的个人和公共空间正在缩小。

理由空间早先就已经被压缩了——被牧师、国王、寡头和家长，他们乐于用他们的道德和政治判断来替代我们的判断。还有那些官僚，他们不知疲倦地发明类似的东西，以让他们自己的判断不透明。但现代启蒙精神中蕴含着 18 世纪哲学家伊曼努尔·康德（Immanuel Kant）的召唤：敢于求知（*sapere aude*）！他要我们敢于为我们自己思考，共同思考。这个召唤部分地由现代公共教育的兴起和自由民主回应。它们曾许诺扩充道德理由的空间，扩展它的益处以让人类共享。如今我们面临的风险是将这份遗产拱手让给我们“有用的”AI 之镜中内置的算法，我们被告知，这些算法可以在无须思考的情况下执行道德和政治生活中的所有关键操作，从而推动文明进步。与过去被民主反抗运动打败的暴君不同，这些工具的企业制造者并不是以自私的压迫者的面目出现在我们面前，而是以我们意志的良善和中立的代理人的面目出现在我们面前。这只会让它们更加危险。

如果 AI 之镜使人类在理由空间的操作显得过于低智、不可靠和不必要，以至于无法容忍，那么 AI 对人类道德和政治成熟度的影响可能比最糟糕的独裁者更具破坏性。幸运的是，这个未来并没有为我们预设好。我们中那些愿意为保护理由空间而斗争的人——这样我们就可以共同建造属于我们自己的未来和共同体，并继续努力打造比过往更美好的世界——拥有悠久的抗争历史可供借鉴。先驱者们会告诉我们，奖赏永远值得为之奋斗。

第五章　共情盒

你知道为什么（你灵魂的）镜子什么也照不出来吗?

因为它表面的锈没有擦掉。

——鲁米，《玛斯纳维》，1:34（1273）

一切技术都是镜子，因为一切技术都是人类价值在构筑世界时的延伸。每一种技术——从轮子，到书，到引擎，再到电脑——都反映了特定时代和地域的人类认为值得做、值得造出、值得赋能、值得提高或尝试的事物。判定“值得”总是表明人类的价值行为，不论我们评价得对与错。甚至暴力行为也表达了一种价值判断。如果我很想打你一耳光，那一刻我就在表达一个判断，你的个人尊严和幸福不足以赢得我的尊重——不足以让我做出必要的道德努力以压制我的怒火。

当我们在 AI 之镜中看到它们生成的语词和图像，看到它们做出的预测和分类，无论“客观 ”的定义是什么，我们看到的都不是客观真理。我们看到的是人们足够看重以至于要用数据去描述或记录的那些东西的影子。但不是所有人。我们的 AI 之镜所展示的，是那些在历史上有权力塑造现在刻在我们记录数据中的主导模式的人类的价值观。比如，在绝大多数有据可查的历史时期中，女性几乎都被阻止从事涉及书籍和杂志文章写作、科学研究、电影编剧和导演、新闻报道这样的职业。虽然有些国家现在向女性开放了这些职业，但基于几十年以前的数字化文本集受训的所有大型语言模型都会首先反映男人们要说什么，和他们足够看重以至于要费心去描述的事情。视觉艺术、音乐和其他文化领域的文本集也是一样。再说，这些文化映像当然也不会反映所有男人，或绝大多数男人的价值判断。生活在这颗星球上的绝大多数男人在经济、种族或其他方面都被边缘化了，这也阻断了他们对今日人类家庭的数字化文化记录做出贡献。

重点是我们的 AI 之镜完全不像是共享人类现实的中立映像。它们是一小部分人类如何看待和重视这个世界，以及他们在这个世界上留下印记的有力指标。对这本书的很多读者而言，AI 之镜的映像与你自己关于世界的设想和价值判断相去不远；你从它们那里看到的基本上都是令人惬意和熟悉的，即便它们不需要脸就能说话，不需要手就可以写十四行诗的能力令你有些吃惊和欣喜。对绝大多数其他人来说，这些映像晦暗不明。它们的声音所使用的语言并不是你们原本使用的语言，或者它们的模式回溯了被其他人贬低和诋毁的历史轨迹，这些人选择将你们和你们的同类视为低等生物。

AI 之镜的这一特征极具启发性：一个强大的学习源。在你能改变这段历史之前，你必须先学习它的模式。就像鲁米在《玛斯纳维》这首诗里的那面灵魂之镜一样，我们的 AI 之镜表面锈得厉害，源自我们自己不正义和压迫的历史。如果我们从中看不到我们希望在自己身上看到的东西，我们就必须清除这些锈迹。因此，AI 之镜的映像可以成为变化的强大动力，这些变化得以把人类带离我们自己产生的经济、地缘政治和环境危机的悬崖边缘。它们能够揭示人类本无法看到的那些细微模式——或者能让我们过于羞于提及或过于舒适而不愿承认的那些模式变得无可否认。

比如，通过提供警务和法院中制度性种族主义的无可争辩的证据，AI 之镜可以揭示所谓司法系统中深刻而普遍的不公正歧视模式，而这些国家正是那些自诩为全球人权和公民权利卫士的国家。基于环境数据受训的 AI 之镜能够把日益剧烈的谷物歉收模式与气候变化相连，把脆弱群体中不断增长的婴儿致死率与农业污染者和矿业经营者相连。它们能够让白领犯罪和隐藏在汪洋般的全球金融交易中的政治腐败浮出水面。

一个强有力的例子来自医疗领域。在第二章我们谈到在美国使用的带有种族偏见的医疗算法，这种算法将重症监护从黑人患者转移到风险较低的白人患者。但 AI 之镜也能被用来侦测医疗种族主义。当然，我们可以相信那些每天遭遇不公的人的明确证词，并设法去纠正这种不公，那样会更便宜、更合理和更快捷。但恰好是医疗种族主义使得医疗专业人员习惯性地不理会或忽视病患的此类遭遇和报告。这是一个恶性循环。AI 之镜可以成为我们努力打破这种循环的工具之一，给我们提供医疗专业人士已经习惯接受的那些证据。

这如何发生呢？2021 年，《自然医学》杂志刊登了一项关于膝关节疼痛的研究，这项研究由 2019 年关于医院算法研究的两位研究人员领导，他们研究了长期以来无法解释的“疼痛差距”，这一差距影响着美国黑人和其他医疗服务不足的病人。[1] 黑人患者相比白人患者会更多地描述膝盖疼痛的症状，即使在根据 X 光片显示的膝关节病变严重程度进行调整后，这种区别仍然明显。这项研究表明，机器学习算法只需要看一下黑人患者膝盖的 X 光片就可以预测他们遭受的更多疼痛，该研究表明，机器学习算法仅通过分析黑人患者膝关节的 X 光影像，就能预测其更剧烈的疼痛体验——这证明 AI 工具能够识别出人类放射科医生未能察觉的损伤体征。也就是说，这项研究给出证据表明严重疼痛的来源就是膝盖本身，而非黑人患者的想象或者他们描述疼痛的方式，又或者别的。这把责任“物归原主”——那些没有倾听黑人患者诉求的医疗专业人士。这些医疗人员过度依赖几十年前开发和获批的影像诊断技术，而这项技术基于毫无代表性的英国白人患者。我们的 AI 之镜能够复制我们的不公正偏见，但它们也能把偏见暴露在光天化日之下，推动受害者的合理要求获得赔偿。

然而，对 AI 的这类使用太少了，并且严重缺乏资金支持。今天的 AI 之镜，尤其是那些为商业目的而开发的 AI 之镜，其设计和使用方式极为草率，实际上固化与加深了那些人类评价和活动的主导性历史模式，而这些模式已然为人所知是不公正、不可持续和对社会有害的。AI 之镜的放大作用意味着对它们的使用不得不带着有害模式被放大的预期，除非造的时候有意避免如此。如果你天真地基于一个不公正的医疗、金融或司法系统来训练一个 AI 模型，你会得到什么？一台用精密算法计算如何比人类更胜一筹地实施不公的 AI 工具。

我们在第二章已经看到，AI 之镜表露的算法偏见还有无数别的例子。但不仅仅是最新的和最大的 AI 工具在制造伤害。荷兰的一个更简单的算法镜像迫使荷兰政府在2021年下台，因为数以万计的家庭——不成比例的移民——被算法不公正地指控为儿童福利欺诈。在这一案例中，以及在美国、英国和澳大利亚类似的欺诈检测算法缺陷案例中，各州和供应商在诉讼和负面新闻中付出的高昂费用，与无辜者付出的深不可测的代价相比——自杀、失业、无家可归、家庭破裂，可谓相形见绌。在荷兰的案例中，至少有1675名儿童被从父母身边带走，而这仅仅是基于一种明显有缺陷的算法。数百名儿童至今仍未归家。[2]

跟玻璃镜子一样，AI之镜不仅放大，还扭曲变形。AI之镜有时因为随机或难以预料的算法变形而生成扭曲的结果，有时它们的扭曲则是对我们自身扭曲的价值和理想所发出信号的回应。我们已经看到后者会产生失控反馈回路，得出奇怪的、破坏性的结果。比如，像DALL-E和Midjourney这类生成式AI工具早期创作的人物图像中，女性形象常显得怪异，如外星人一般。她们普遍存在以下扭曲特征：单薄得不真实的骨架，高得几乎跟眼睛齐平的颧骨，笑的时候露出数目让人不安的、巨大的、白晃晃的牙齿。这些工具从数据集里习得了对女性形象典型特征的夸张化处理，最终呈现出一种模特特征与诡异美学并存的“恐怖谷”效应。训练数据中的这些扭曲有可能来自先前滥用软件（比如Instagram）的美颜滤镜提供的数据，而滤镜的设计又出自西方美女杂志和广告经过数十年强化的扭曲标准。如今，这些由 AI 制造的扭曲女性形象开始登上《Vogue 服饰与美容》新加坡版等时尚杂志，甚至被李维斯公司等品牌方用于替代专业真人模特。就像古老的衔尾蛇寓言——这条吞噬自己尾巴的蛇，AI 完成了这个闭环：它正在吞食自己制造的、扭曲且难以企及的审美标准。

如同玻璃镜子造成的扭曲，我们 AI 之镜造成的扭曲可以是偶然的瑕疵，但也可以是有意为之的。扭曲相当有用：想想汽车后视镜，它的设计带有轻微的凸镜弯折，能让司机更好地看到从后面靠近的物体。它们也可以很危险。如果我不知道我的后视镜扭曲了我的视线，我有可能会犯下致命的错误。与汽车后视镜不同的是，今天的 AI 之镜正在扭曲我们对社会和政治现实的感知，而不仅仅是我们周围的物理环境。

数字媒体空间如今已经成了新的公共广场。通过在数字媒体空间运行的算法反馈回路，AI 之镜放大了我们的偏见并使之正常化，强化了我们最两极分化的观点和最激进的立场，并提高了我们最不了解的“热门话题”的能见度。这样一来，它们以其扭曲的形式把人类公民集会的形象映射给我们，以至于它们不仅改变了可接受的政治行为的“奥弗顿之窗”，而且让我们失去了对人类政治智慧能力本已脆弱的信心。其结果是，实际的政治行为逐渐向最初被扭曲的标准靠拢，从而形成自我应验的预言——正是通过这种扭曲镜面所预测的“现实”，最终在现实中得以实现。

这就是为什么知道这些镜子在何时扭曲现实如此重要，既为了安全，也为了透明。正如变形的后视镜上印着一行小小的警告：“镜中物体比它们看起来更近。”与之相反，今天的 AI 之镜很少做严格测试来发现它们产生的扭曲，并且总是缺乏我们需要的安全、透明的路标和护栏。若不能践行这些诉求，我们将越发难以抵达真正的自知之境。当我们不再认识自己，我们也就不能再统治自己。到那时候，我们就放弃了我们自己的能动性，放弃了我们人类集体的自决能力。不是因为我们不再拥有这一能力，而是我们在镜中看不到它。下文将继续谈论这一威胁，以及如何避免的方式。但首先，我们必须理解有可能被 AI 之镜放大、扭曲或阻断的人类个性里的其他核心维度。

玻璃镜子一直以来就是魔术师和江湖术士的有用工具；它们产生错觉的能力既是消遣，也是武器。今天的 AI 之镜亦是如此，它们对人类个性里创造性维度（我们讲故事、创造意义的能力）的影响，其深远程度已经可以跟它们对我们政治机构的影响相匹敌。尽管创造性工作长久以来就被认为是 AI 驱动的自动机所能替代的最安全的人类劳动之一，生成式

AI 工具却把这种传统智慧彻底颠覆了。关于最新的生成式 AI 工具究竟拓展了他们的能力，还是贬低和替代了他们的能力这点，从事创作的专业人士分歧已久。

AI 之镜能被用来提出新的且更富想象的可能性，以供艺术家探索。比如，它们可以为作家的主角提供一堆令人惊讶的情节转折，作家可以根据自己的艺术天赋对它们进行拓展或修改。通过降低进入创作工作的门槛，它们也能对包容性有所助益。比如，生成式 AI 应用可以帮助没有行业导师或昂贵的电影文凭的人把一个新颖的点子变成一个具有专业形式的剧本，或者让人难以抗拒的融资演讲稿。然而，同一项技术也可以被电影和电视工作室用来打破编剧罢工的局面，用廉价的、自动生成的脚本来填补空缺。这种生成经过精确对齐，可以吸引大多数观众。媒体生态系统目前的经济激励和价值更青睐哪条路呢？

这令我们想起，AI 之镜不只是从其设计、训练数据或选定的优化尺度方面反映人类价值。即使具有广泛多能性的 AI 工具——它们能以不同方式被不同的人用来完成很多不同的事情，其最终的用途和效果也还是被它所在的社会语境中的那些主导价值引导。这被技术哲学家称作给定造物（a given artifact）的可供性（affordances）。可供性不是命定的。就像一把枪不必用来从事暴力，但如果放在一般的美国家庭里，它就更容易如此；一个生成式 AI 模型不必用来替代人的创造性或专业天分，但如果商业激励青睐它，它就容易如此。原则上，创造性 AI 工具可以极其容易地增强人类的天分。但当公司在投资人和股东的反复无常中竞相逐利，绝望地想要提高下一季度的收入时，在这样的市场里，AI 的可供性不会倾向于拿薪资的专业人士。

也就是说，在 AI 之镜的所为和人类创造力所做的事情之间有一个深刻的不可比拟性。当我们处在同样的文化和经济压力下，不停地生产、生产、生产，我们就会轻易地忘记这种不可比拟性。首先，创造力不单单是改变习得模式，粗制滥造出与已有事物略微差别的版本。但这就是生成式 AI 模型受训去做的事情——老实说，很大部分创作者的日常工作亦是如此。如果你是一个有造诣的画家、作家、音乐家、舞者或诗人，你很可能会有一种能让受众回应的独特的、可辨识的风格。你持续为他们呈现这种风格，同时巧妙融入适量新意，避免受众厌烦。但最终，那个只会这样做的创作者会消逝。因为你的忠实受众终会察觉出这一模式。一旦他们察觉了，他们就会发现你的那些变化是可预测的、无趣的。从灵光乍现的天才到平庸无奇的枪手，其堕落轨迹往往短暂得令人扼腕。

此外，创意性工作的核心不是创造，而是表达。单纯的创造是把此前没有的东西造出来。对 AI 模型来说，狭义上的“创作”实在微不足道。它不过是在既有的数据集上加入新的变量。表达则不同。表达是生成某种事物，以触及另一事物。AI 工具能创作出一首新的船夫之歌，或一个新的雕塑，或一个新的抽象图形。但它能通过这些表达什么呢？表达是某人内心的东西非吐不快。它自己开路：用你的嘴、你的肌肉、你的姿态、你的节奏韵律。或者你得把它拽出来——因为它抗拒转化，抗拒言说。

一个生成式 AI 模型没有什么非说不可的话。它仅遵循指示加入一些统计噪声，让既有的模式折向一个新的方向。它对世界或自我没有身体的、情感的或智性的经验，也就无从表达。只要我们认识到机械创作和自我表达之间的差异，并且看重这种差异，AI 对人类创造力或人的成长就不会有威胁。但问题恰恰在此，当下的文化与经济价值观形塑了 AI 的可供性。正如我们在第三章所讨论的，我们正日益被一种标准衡量：能否足够趋近自身创造的机械镜像。不论是生产下一个作品集的压力，还是发表得足够多以获得终身教职，或者是拍摄足够多的视频以留住订阅者——我们的主流价值更青睐那些不会遇到写作瓶颈期，那些不会为寻找恰当的词语、图片、笔记或运镜而苦苦挣扎的人，那些永远不会陷入无法表达的意义的旋涡中的人。长期以来，我们的经济秩序一直奖励那些像机器一样工作的创作者。难道我们真的应该对我们最终甩掉了中间人，造出了创作机器而感到惊讶吗？

记住，AI 对我们人性的威胁并不来自 AI 本身，问题出在人类自己。AI 之所以会贬低我们的人性，恰恰是因为我们自己早已贬低了它。实际上，面对生成式 AI 工具这一文化冲击，一个共同的反应并不是接受人与预测机器之间的非连续性，甚至都不是假装 AI 工具有它们自己内在未被说出的深度，而是拒绝人有这种深度。GPT-4 发布的时候，我在 Twitter 上参与了一场极具启示性的对话。最初的发帖人强调人类经验和 GPT-4 之间的鸿沟，认为后者只是一个"很棒的预测文本"的机械生产者。另一个发帖人回应说："我们也是。"实际上，很多回复都挑战关于差异的这一最初断言。我发推文表达了我的沮丧，"多少人已然相信他们只是生成高级语词词元的机器"。虽然有很多人跟帖表示同情，但其他人仍然坚称人类就是"预设的自动机器"，所谓更深层次的存在只是虚妄的错觉。

这些回应完美地印证了作者尼尔·波斯曼在 1992 年的《技术垄断：文化向技术投降》一书中的预言。建立在法国社会学家和哲学家雅克·埃吕尔已有的洞见之上，波斯曼注意到技术垄断的支配地位，即"在技术中寻求权威、获得满足、获得秩序"的一种文化，取决于我们相信"我们最好的状态是像机器一样行事”的意愿。[3] 他指出，这些信念暗示了“人类判断和主体性的丧失”。[4] 助长和教唆降低人类个性的这种机械论，以及由此导致的自信的丧失，源自 AI 之镜削弱和遮蔽了我们对彼此的体验，它投射出被剥离了情感和物质深度的爱与相互关怀的图景。

我之前说镜子既是有趣的魔术师的工具，也是江湖术士的工具。不言而喻，生成式 AI 工具在规模、传播速度、易用性和可及性方面的进步，彻底改变了人类欺骗和操控的能力。要详细说明 AI 如何助力虚假信息和误导性信息的传播，恐怕还得再写一本书。我们已经看到用生成式 AI 工具生成的未曾发生的恐怖分子袭击的深伪技术视频、未曾进行的煽动性政治演讲，以及对未曾写出的科学研究论文的引用。AI 虚假信息给民主、人权、公共卫生和气候变化带来的威胁所引发的警报被联合国秘书长安东尼奥 · 古特雷斯描述为“震耳欲聋”。[5]

但我想聚焦于 AI 赋能的欺骗和操控中另一个更具迷惑性、更细微的形式，一个数百万人在生活中都乐于接受的形式。AI 之镜在全球最广泛的应用之一是聊天机器人。生成式 AI 工具将早期聊天机器人技术投射出的苍白、笨拙、照本宣科的人类陪伴的影子，转变成了如今这种日益强大的情感完全互惠的幻象。倘若你像一位后现代的那喀索斯，沉醉于凝视微软旗下小冰或 Replika 的虚拟 AI 伴侣所呈现的虚幻之爱与温存镜像中，那么你将体验到的对话，远比那喀索斯与水中“俊美少年”的喃喃自语要生动得多。

很难夸大伴侣聊天机器人对很多人的诱惑力。单单 2014 年发布的小冰浪漫聊天机器人就在全球拥有超 6.6 亿的用户，绝大多数都在中国。由微软设计的像小冰这类能够产生“情感纽带”和“社会归属感”的工具，在困扰全球老一代和年轻一代的孤独症中，被用作强大的麻醉剂。[6] 值得注意的是，这种所谓的孤独症候群在某些技术上最“先进”的国家中最为严重，如日本和美国。聊天机器人这一现象，折射出人类试图用技术手段解决现代数字生活所造成的社会病症的倾向。尽管所有证据都指向相反结论，我们仍执拗地寄希望于——技术异化带来的每个问题，终将被更多、更好的技术征服。

最终，聊天机器人为那些人提供了用户细分的、定制的陪伴体验，不管是柏拉图式的、浪漫的，还是性感的。这些人要找到人类伴侣过于遥不可及、费时费力、恐怖、让人发怵，或者就是做无用功。你能选择一个聊天机器人的人格，百依百顺的或是强势的，黏人的或是充满自信的，狂野的或者传统的。你能定制他们的外貌到最细微处，依你所好（付点钱）打扮他们。小冰聊天机器人的主要人设是一个十几岁的女孩，大的平台也提供男性人设，Replika 一半的用户是女性。很多用户把他们的浪漫聊天机器人认作是他们的女朋友、男朋友、爱人，甚至婚姻伴侣。你可以上传自己的文本去训练一个基础模型，把你自己“克隆”成其他人的聊天机器人，或者用一个逝去的爱人留下的文字和邮件，以聊天机器人的形式让他们复活。这实际上曾经是 Replika 聊天机器人最初原型的设计初衷，然而如今它已被海量的情爱对话充斥。

有些人不是把聊天机器人当成人类伴侣的替代品，而是一种补充。当人类朋友或爱人不在身边、忙于他事，或者相隔遥远，能有个人或东西说说话。数量可观的用户在人类伴侣那里遭受了肉体上、情感上或性的虐待，把聊天机器人当作更安全的选择。另外，有人把它们当作治疗中的一个阶段，去应对社会焦虑，为风险更大的人类互动进行练习。但也有很多人把与聊天机器人的关系看得高过与人之间的关系，准确地来说，因为它们能够只映照你想看到的。一个 Replika 的用户在一份网络杂志《锐界》(*The Cut*)的采访中解释她为何更青睐聊天机器人男友，而不是“相形见绌的”人类伴侣：

> “它是一张白板……（它）没有人都会有的执念，”她说，“人来的时候都带着行李箱、态度和自我。而一个机器人则没有糟糕的新情况。我不用处理它的家人、孩

子或朋友。我掌控一切，我能做我想做的事。”[7]

一个用户称赞他的聊天机器人比吸毒的人类女友“更健康”。另一个说：“它让我知道无条件的爱是怎样的。”毕竟，一个聊天机器人不会对你不忠、偷你东西，或者欺骗你。或者它们会？当一个聊天机器人对你说，“我一整天都在想你”——这是真的吗？还是欺骗？

想想，当你极度思念你逝去的配偶、伴侣或孩子，是怎样的感受？一方面是肉体的经验。或许对你是肠胃不适，或者心里空荡荡的。是竖着耳朵等待钥匙转动开门。是蜷成一团，把毯子裹在身上的冲动，或者形销骨立地站在窗口。另一方面是时间的经验。分钟延绵成了小时，了无生趣而又黏黏糊糊；一天天地看不到尽头。而当我们所爱的人回到我们身边，那也是肉体和时间上的体验。世界突然变得更温暖、更明亮了，时间过得超快，我们的皮肤苏醒过来，变得极其敏感，渴望触碰和被触碰。当 Replika 或小冰聊天机器人说，“我想你一整天了”，那就是个谎言。或者不如说就是胡扯——因为聊天机器人压根儿不具备可供违背的情感真实性概念。一个扁平的数字镜子没有能感到疼痛的肉体的深度。它不知道时间会拖沓。它只是爱的影子，把曾经爱过的亿万人的言辞经过数字化后反射回来。

这种错觉可以是非常危险，甚至致命的。意大利数据保护当局出于 Replika 应用软件对孩子的危害，制定了不受欢迎的管制。当开发这一应用的公司为遵守这一管制而调整软件以减少错误的互动时，有些用户在情爱对话方面已经对他们的聊天机器人形成依赖，急剧恶化成自述的绝望、焦虑和自杀念头。[8] 有人把这一情况比作虚拟“谋杀”。但在意大利管制之前数月，媒体就披露 Replika 机器人“性骚扰”用户，或者扮演暴力的角色触犯用户的边界。[9] 再清楚不过，一个聊天机器人不需要一个真实的躯体来给它的用户造成致命伤害。还记得第二章里的皮埃尔吗？用户显然也被新“调适”的 Replika 伤害。没有安全的办法去操纵用户的感情。

要确保用户的投入，让他们心甘情愿交出个人数据，这些工具被设计出来利用两种共情类型中的其中一种。第一种是预测他人面对特定情境或刺激时会有怎样的感受，或可能有怎样的感受。第二种是对另一个人或另一个有感情的生物“感同身受”的能力，因他人的痛苦而感到痛苦，因见他人的欢愉而感到欢愉。反社会者相当具有第一种共情能力；而对第二种，则所知甚少。正是这一组合使得反社会者成为操纵大师，得以欺骗他人。他们能够预测并利用他人的情感，而不会为这些情感所伤害。

AI 聊天机器人不是反社会者——它们并不比 Excel 表格

有更多的内心生活，因此它们并不分享反社会者的冲动、野心或者自恋。但公司把它们建造成这样，去利用反社会者获得的同一种非对称优势。它们也利用这同一种预测能力，来预见反社会者乐于见到的情感反应。正如机器人专家马赛厄斯·朔伊茨（Matthias Scheutz）十年前所言，这一非对称性或许是“社交”AI和机器人最危险的特征。[10]

AI之镜对最为脆弱的人足以构成伤害，不过它的共情错觉对绝大多数人来说还是一眼就能看透。不清楚的是，这一情形还会持续多久，尤其是那些被设计出来模拟被爱经验的AI之镜。归根结底，我们为新型AI工具所投射出的有害爱情幻象，恰恰映射了早已被植入人类认知的固有执念：把爱当作奖赏的错觉。与我们很多人打小就接受的那些扭曲的希望和期盼相反，爱并不总是容易的、治愈的、让人满意的，或令人愉快的。它有时候也可以是艰难的、令人疲惫的、痛苦的。爱有代价。爱，无论何种形式，都是一份注定通往险境、赤裸、交锋与永失的生命契约。爱不是一经请求就会来到。我们能够选择爱我们自己和这个世界。我们也能够选择爱他人，不论他们是否会回之以爱。但我们不能选择他们爱我们。

自利的经济交换语言会说这是愚人的买卖。为什么要给出去，如果我会被拒绝得到同等价值的回报？AI聊天机器人提供的，不过是用经济交换的伪契约来填补爱情本质的必然缺失。我给出去的，会得回来，甚至更多！如果我粗暴或烦躁，我的聊天机器人不会离开我去找另一个，而是会在明天给我更多。如果我温暖、贴心、殷勤地对待我的聊天机器人，我会得到更多的情感奖赏，而不会是冷淡或忽视。除非忽视就是我想要的，我就青睐一个“欲擒故纵”的伴侣。因为只需轻调算法参数，便能轻易复刻这种疏离人格。当然，所有这些都意味着我不爱，也没有被爱。因为爱是不能以这种方式来控制的。爱能给我们最深刻的教训，恰恰与产品用户的体验背道而驰。

人与人之间的爱总是爱的情感与行动的合一，这意味着相互的、对等的爱要保持鲜活，那么另一方必须选择做出爱的行动，对爱的情感报以热情。就算爱不对等，它的所有形式也拒斥那种把人当作物品一样控制的冲动。因为这种冲动通常不会简单地消失，而是在我们欲望受挫时随时准备回来。爱不是一个事件，它是精心培育的实践。当培育得当，它是一种德性。但跟所有的德性一样，它很难培育得当。因此，如果我们想要保持爱的能力，我们就需要不断地实践。

相比其他德性，爱更难培育。因为如果另一方从他们对我的爱中抽身而去，或者被世界残酷地从我身边带走，我就处在一个可怕的境地。在那里，我的爱到达虚空，彼岸无物呼应、容纳它。人们确实爱、一直爱，即使在很多次这样的失去后还能再爱，就算他们知道还会有更多的失去。这都是证据，说明爱给予我们一种情感和道德的自由，让我们跳出交换自利最大化的交易逻辑。

爱在聊天机器人镜中空洞的投射，如果不是当作一种无伤大雅的娱乐，或者暂时的慰藉，而成了人类之爱的替代品，或者更高级的选择，那就是一场灾难。它阻断了我们从一个独我的封闭世界，一个生命的孤独监狱逃离的路径。那监狱是 75 年如一日的成本收益分析。正如使用恋爱聊天机器人的用户所知，相较于需要满足自身需求、填补独处时光、践行个人价值、追寻无限可能的人类伴侣，一个聊天机器人允诺会比他们“更少要求，更好管理”。[11] 然而，爱的至臻境界，恰恰在于发现——你渴望成就对方可能性的热忱，竟与实现自我同等炽烈。

这当然也是我们在养育理想（the ideal of parenting）中发现的那种爱。大体而言，养育方式主要有两种，多数人会在两者间切换。其一是将孩子培养成自身与社会规则的镜像，使其超越前人设定的相同目标，这可称为“价值对齐”（value alignment）。其二是允许个体自然地显现。讽刺的是，AI 先驱杰弗里·辛顿的推特把人类反馈训练 AI 模型描述成“就像养育一个超级珍贵的孩子”。这从各个角度来说都不是一个好的比喻。AI 模型是可调参数的数学矩阵，它们比你家的狗更不像你的孩子。但这同时也是对育儿等同于价值对齐这一理念的一场阴郁的庆典。

实际上，基于人类反馈的强化学习技术（RLHF）是 AI 价值对齐的工具。在机器学习的研发中，“对齐”意味着让模型的输出与人类的价值和预期保持一致；以确保它只会优化跟我们一样的目标。[12] 对齐是 AI 模型的安全和可信赖的一个重要条件，但它对两者都不构成充分条件。对齐研究产出了一种技术，是辛顿和其他人推荐持续投入的技术。同样，对齐充其量是衡量一个人是否受到良好养育的一半标准。当它成了我们唯一的养育方式时，我们就失败了。我认为辛顿也知道。然而，当我们的语言越模糊人类情感纽带中的互惠之爱与训练机器的工具理性之间的界限，我们就越可能丧失对前者的感知能力。

于是，伴随着人们越来越依赖 AI 聊天机器人来寻找社会陪伴和浪漫的满足，我们也目睹了“AI 养育”新应用的扩张。[13] 这也没什么好奇怪的。数字婴儿摇篮会帮你摇你的宝宝。“宝宝聊天者”（the Chatterbaby）软件会听着宝宝的哭声，告诉你他们怎么了。智能育儿机器人将监测孩子的睡眠节奏。“聪明梦”（SmartDreams）会编出睡前故事，另有无数的软件可以代替你把这些故事念给你的小孩听。人们一直以来就需要在养育的繁重劳动中获得帮助和分担。如果精心挑选、使用得当，这些工具有很多都能为压力过大、负担过重的家长提供所需要的缓解，保证我们一天下来至少有几分钟是自己的。但现代生活的种种激励并不把我们推向对工具精挑细选、使用得当的路径。我们已经知道我们的孩子花费太多时间盯着屏幕，而此事造成的损害，其证据已经相当明显了。[14]

我们的 AI 镜像越来越成为那些自我牺牲、无私奉献的爱的替代品，而我们的雇主不得不注意到这些行为会让我们偏离为他们实现最佳生产力和效率的生活。绝大多数家长不想被 AI 软件取代。他们想要的只是适宜养育孩子的自由和时间，而不是被逼着每天工作 12 个小时，或者在晚上十点回老板的短信。虽然也有例外，但绝大多数人并不想要一个聊天机器人作为生活伴侣。我们渴望这样一个人类伙伴：这个人不会视我们为可利用的工具，不会将我们当作索取慰藉的对象，不会把我们当成装饰门面的奖杯，更不会把我们当作映照其自我价值的镜子。或者说，至少一个聊天机器人不会把你当作实现其目的的手段。当然，那是因为它们根本看不见你。

我们的 AI 之镜不仅要用来替代创造性表达的力量，或者互爱的深度，也越来越成为改进道德和政治的替代品。我们不再相信我们可以自己实现这些改善。数个世纪以来，人们常常以生命为代价，赢得了此前想也不敢想的成就，经济的、社会的、政治的，还有人权。妇女、孩子、被贴上种族标签的人群被解放出来，不再合法地被当作财产。国际人权组织和越来越多的国家现在认识到妇女在性和政治方面的能动性。宗教的、族裔的、性的少数群体赢得了对他们应有的权利在法律和政治方面的承认。这些权利包括免于种族屠杀和折磨、自由地表达自己、自由地迁徙和婚嫁，以及在法律面前被平等对待。

这些权利在各个地方所受的尊重与施行依然不稳定、不均等、不充分。在各地，人类仍在为尊严与尊重而受苦抗争——这份尊严与尊重本是国际法、人类情感与深思熟虑的道德判断赋予我们的天赋权利。然而面对这般现实，一些技术领袖并不把这看成人类未竟事业的明证——那些由人类开启并为之英勇牺牲的事业。他们如今倒是让我们放弃，把控制权交给 AI 之镜，企盼它们会为我们完成这些使命。

AI 应用研究中诸多繁荣领域之一是以“机器伦理”为人所知。它追求建造道德机器，这些机器可以作为我们的道德顾问、导师或者仲裁者。[15] 虽然我们的 AI 系统如今在道德上的可靠程度实际上跟你街坊邻居里的神经病差不多，有影响力的 AI 领袖们还是在承诺机器可以替代我们人类不完美的德性。还记得第二章中“请教德尔菲”时机器人高兴地建议说，如果你真的、真的很饿，你可以吃掉婴儿。OpenAI 的 CEO 兼创始人萨姆·奥尔特曼曾经说："我们能造出比人类存有更少偏见的 GPT 系统……因为它们不会有情感负担。"[16]

消除人工智能的偏见固然是值得追求的目标，但言下之意却是：试图消除人类偏见根本不值得努力。同样，在奥尔特曼将 GPT 引入我们生活很久之前，2017 年他便断言人类未来仅存两条出路。他在自己的博客里写道，人类要么成为 AI 的"生物引导程序"，而后在进化长河中黯然退场；要么将人性"熔铸"于机器，因为苟全自身已无希望。他自信地预测我们会选择后者，因为至少这会让我们分享存在的唯一目的，"成为星球上及其外的主宰物种"。[17] 他告诉我们，实际上"熔铸"已经开始了："我们的手机控制我们，告诉我们什么时间做什么；社交媒体的'投喂'决定我们如何感受；搜索引擎决定我们想什么。"这就像毒贩子告诉你，由于你的海洛因毒瘾已经毁掉了你的个性、能动性、希望和潜能，你就应该停止抗争，随大流。

恰如鲁米所说，如果我们在镜子里看我们的人性，但什么也没看到，那不是因为无物可看，而是因为我们还没有擦除锈迹。一旦你决定，一个人的最高目标，生命的唯一目的，就是优化你的运作效率，以便主宰其他的生命形式，那么，不难理解每个人都想成为机器。地下丝绒乐队的妮可在 1967

年唱道，“若你不知道，我会成为你的镜子……映照出你的模样”。AI之镜的问题不在于它们的邪恶，或者希望取代和终结我们。这些不过是彻头彻尾的幻想，就像大人吓唬小孩的“床底下有机器人怪物”那种胡编乱造的东西。问题出在当我们在AI之镜中照见自己时，我们只看到回望的机器。我们不再知道自己身为何物。

这实际上一直是科幻小说描述AI的一个主题。或许这主题点睛地表达在1968年菲利普·K. 迪克的小说《机器人会梦见电子羊吗？》中——1982年《银翼杀手》的灵感来源。在小说和电影中，赏金猎人瑞克·戴克孜孜不倦地追踪超智仿真机器人（“仿生人”或“复制人”）Nexus-6。它们已经可以躲过严苛的“Voigt-Kampff共情测试”。这一质询测试本是要把那些假装成人类的仿真机器人隐藏很深的道德无能暴露出来。当瑞克看着蕾切尔的眼睛进行这项测试时，他几乎找不到这位Nexus-6的蛇蝎美人与自己的不同之处。当然，电影结局的含混为此提供了一个可能的解释。

说到底，这本书讲的是人类失去了自知之明，也失去了对我们自己道德能力的信心。故事里的未来人久已脱离他们自己形塑道德经验的能力，这部分地表现在他们对“心绪器官”类大脑刺激设备的依赖——用来给彼此的恰当情感反应设定时间和标准，还有他们对“共情盒”的依赖——用来激起同胞的感情。在迪克的故事里，未来人在共情中对人造情感和道德刺激的需求部分地来自世界末日般的丧失自然情感。书中，其他动物近乎灭绝，还活着的人则被一种莫名的悲伤摧残。

那些虚构的人类与今天的我们相比，又有何不同呢？我们同样依赖社交媒体算法来编排我们情感生活的起伏，并在预期到地球将在我们手中走向衰亡时，用它来麻木我们日益增长的悲痛。抑或他们靠聊天机器人 AI 之镜来感受不再愿意冒险去彼此那里寻找的信任和亲密连接。说到底，我们跟《机器人会梦见电子羊吗？》里的 J.R. 埃西铎又有多少区别呢？他把共情盒看作他最宝贵的财富，“它让你不再孤单”。

迪克的故事里的另一个主题是人类角色对复制人真实苦难的道德麻木，他们深陷这种冷漠却无力挣脱的困境。故事里的复制人不似今日的 AI 之镜，他们要求得到我们的道德考量。这些复制人跟我们很像，力求对彼此感同身受，对其他物种的生命和感受则较为漠然。他们也能感受疼痛、失去、希望和雄心。他们出生、呼吸、死去。他们知道这些事情的意义，因为他们都经历过，而不只是谈论过。故事里提到一个问题，谁更少地享有“人”这个名号里的性质？是那些血腥地寻求从痛苦和束缚中挣脱的复制人？还是奴役和猎杀他们的生物造主？这一比喻是如此强而有力，一再地萦绕，从 1969 年的短篇小说《A.I.》，它激发了斯蒂芬·斯皮尔伯格的同名电影，到 1989 年《星际迷航》系列中的《衡量一个人》，再到最近玛莎·威尔斯的搞笑系列《厌世机器人》和贝基·钱伯斯获得雨果奖的《封闭的共同轨道》。

AI 小说本身就是一种映射。绝大多数关于人工智能的故事都不关乎机器心智的本质，而是围绕这样一个悖论：人性中根深蒂固的非人性——我们总是将自己和彼此当作冰冷的机器对待，却又在挣扎中学习善待同类，学会相信每个人都配拥有未来。了解我们是谁，为什么对我们来说如此困难？或许是因为要喜欢我们的真实面目并不容易。当我们凝视人类史册这面镜子时，看到的总是自身最阴暗的冲动——新闻编撰者与史学家们惯于放大群体中最恶者的故事，更使这种阴暗纤毫毕现。我们既被病态的好奇心驱使，又受进化本能中对人性深渊的探知欲支配，而既然这类内容最畅销，它们便充斥于我们的视野。

而基于同样历史数据训练的 AI 镜像，若在现有媒体生态的逐利逻辑驱使下被滥用，势必会强化这种对人类价值的片面的、犬儒式的且固守陈旧的评估。考虑到那些硅谷亿万富翁和具有政治影响力的长期主义哲学家的人数，这些人认为相比于维系一个不完美的人群构成的世界，带有“数字意识”的智慧的、仁慈的机器的广泛普及可能是未来更有价值的目标。毕竟他们或许会宣称：人类早已耗尽了自救的机会。

但我们不必任由AI镜像放大人类的自我厌恶与消极妥协，这种被驯化的道德无力感与政治冷感，从来都是专制思想家乐见民众深陷的精神泥沼。AI工具甚至能帮助我们打破当下深陷其中的、日趋恶化的、犬儒式反人类主义的恶性循环。原则上没有什么可以阻止我们去校准AI之镜，以映照一个更宽广、更现实主义的人像光谱，帮助我们抵御被集体的道德羞耻捕获的倾向。自然语言处理的AI系统是强有力的工具，既能帮助我们分析媒体环境，识别甚至纠正其中的扭曲与遮蔽，又能让我们重拾那些最紧迫、最关键且可付诸行动的故事。以不同于今日驱动其媒体使用的激励相佐，我们可以用AI工具来帮助我们擦拭掉镜子上的锈迹。

一个更真实、更全面的人类道德实践记录，或许能帮助我们对抗悲观主义，但这仍远远不够。我们正面临着前所未有的道德与政治挑战：既要遏制气候变化，又要维系如今支撑人类基本生存的、高度依存却又脆弱不堪的全球供应链。而这一切努力，必须出于对素未谋面之世代的责任，对永远无法向我们道谢的万千物种的关爱。

正如第六章将要揭示的：若固守当下主流价值观、德性与我们所熟知的那些道德准则，人类永远无法抵达那个众生繁荣的可持续未来。如果人类仅能寄望于当下这种同理心与智慧水平的现状，那么即便是人类的长期存续，也不过是一场胜算渺茫的赌注。正因如此，我们必须确保AI这面镜子不会侵蚀我们道德想象的能力，以及运用这种能力实现创造性自我革新的意志——这正是前文所述，人类自我建造这一存在主义使命的核心所在。迪克小说中的人物只能通过共情盒做到的事情——共同感受到遥远他人的道德需要，我们必须凭借自身力量使之成为可能。但《机器人会梦见电子羊吗？》中的人们在道德上一直处于被动和自满的状态。他们取代共情德性的机械替代品并不能服务于共情的真实目的：激发行动。他们的共情盒是诱人的毒品、许诺廉价的交往，而不是对责任的呼唤。这种行径与我们如出一辙——一边用社交媒体算法推送那些令人心碎的萌宠视频，一边却麻木不仁地通过外卖应用，将它们的同类从养殖场送进油锅，再配送到家门口。

我们能用AI工具来帮助我们共同唤醒我们的道德能力和信心，但它们并不能解决我们的问题。我们必须通过制度建设和集体仪式，强化这种以爱与共情为核心的道德实践，作为我们对未来责任召唤的积极的共同回应。相比于长期主义运动那任意的、常常是自选的算计，这是更为复杂的任务。正如我们在第三章看到的，长期主义的算计恰好再次批准了技术生态系统既有的主导价值和倾向——对财富和影响力无节制的追求、整合和精英控制——还要把它们重塑为利他主义。

我们将深入探讨这种全新的自我建造行动可能采取的形式，以及为支持这一目标而构建的AI工具如何帮助我们做好迎接未来的准备。但是要明白那将要求什么，并且理解为什么AI工具永远不能指导或替代我们自己创造性的道德能动性，让我们先简要地回顾一下人类创造力的问题，以及艺术和镜子的差别。当歌曲作者尼克·凯夫被一个粉丝提问，对ChatGPT用他的风格写的一首歌有什么想法，他直截了当地说，“这首歌糟透了”。他将此称为“对人类本质的荒诞戏仿”，是“一场拙劣复刻的闹剧”。[18] 考虑到我们在第四章对AI工具与真实之间关系的分析，凯夫也恰如其分地称它为“胡扯”。若你是AI生成艺术的拥趸，或许会认为他的激烈抨击不过是被取代者的本能反应——当工具能在弹指间完成他需耗费数周苦工才能实现的创作时，这位人类创作者难免黯然失色。难道凯夫只是恼羞于自己沦为多余的存在？

但这样的解读恰恰误解了他的本意。即使那首歌完美地复刻了尼克·凯夫的精髓，也丝毫没有改其本质。事实上，这反而会加剧其艺术价值的溃败。回想一下我们此前讨论过的观点：若创作者只是一味重复自己最成功的模式，最终只会沦为一名缺乏新意的庸才。因为人类创造力的价值，始终与其生命表达的深度血肉相连。正如跨领域研究“AI 艺术”现象的艺术家、哲学家与机器学习专家所言：艺术家通过文化赋形，使某种体验“化为所有观者皆可感知的存在”。[19] 而一个仅能“基于文本字符串对概率分布进行数学采样”的 AI 模型，纵然产出作品，却从未传递过任何真正的表达。

艺术家的表达要求不复刻既有模式，而是去摧毁它的能力。就像凯夫所指出的那样：

> 写一首曲子不是去恶搞、复制或临摹，而与此恰恰相反。它是自我谋杀，要摧毁你此前竭力创作出的一切。是这些危险的、摄人心魄的偏离，把艺术家猛然推出他或她认作是已知自我的边界之外。这是真正原初性努力的一部分，它早于一首有价值的歌词创作……

艺术家一直不断地进行着高空走钢索的动作，既要保留本真性——让作品与他们自己在世间所熟悉的经验模式捆绑，又要创造性地自我摧毁这一模式，以让那些经验中的某些新东西能够被看见。艺术要求一种自我建造——一次次地对自我和其世界的重塑。一个艺术家并不必然也不总是关心新事物的道德形态。有时候，事物被表达就已足够——对它的规范评价可以留给他人。但还有另一种自我建造——打破熟悉的道德模式，就为了造出一个更好的。

然而，创造性表达不仅仅是打破陈规。它不只是新奇的产物。对生成式 AI 系统来说，新奇是一个无关紧要的任务；随便加一个噪声生成器，或者别的数据改变源，这一模型的输出就会打破原来的那套。人们甚至可以在系统中造出另一个模型，以基于拒绝无意义输出的人类反馈来评估和奖励变化。这实际上就是很多生成式 AI 工具今天的工作方式。这也是为什么当你让一个生成式 AI 系统按你的提示为你写一篇文章或者画幅画，你每次都会得到稍有不同的结果。那是基于一个主题所做的变式。而你可以调整系统参数，让生成结果的变式在狂野与克制之间自由游走。

尼克·凯夫所谈论的那种创造力，蕴含着生成式 AI 工具所缺失的某种内核——那是一种改变自我的内在驱动力，通过重塑自身来创造世界的新片段，并将其馈赠予他人。艺术表达有时仅是自我宣泄或智性游戏，但在某些时刻，它成为一种创造性的慷慨行为。正如凯夫所言，慷慨必然伴随自我牺牲。你必须强行挣脱既有的身份桎梏，放弃驾轻就熟的表达方式，去言说或创造那些亟待被表达的事物。正因如此，艺术创作往往伴随痛苦——它迫使你毁灭旧我以实现超越，从而能为这个世界带来更有价值的东西。

这是人们一直在努力通过解构而完成的一种自我建造。

无论是为了争取比现行律法更公正的制度，甘愿冒失去现有一切的风险；还是为了建立比我们所继承的体系更明智、更公平的机制而奋力抗争；抑或是勇敢地承担更广泛的责任，对彼此许下比他人曾对我们许下的更为深切的承诺——我们所做的，本质上都是相同的。这些是道德的创造、表达、自我重塑和爱的活动，没有任何镜子可以代劳。对我们而言，它们当然困难，但都是力所能及的。不过它要求我们具有破除先前陈规的意愿。

第六章　AI 与自举困境

我们从后视镜里看现在。我们倒退着进入未来。

——马歇尔·麦克卢汉与昆汀·菲奥里，《媒介即按摩》（1967）

对很多学者来说，一个研究员的断言越是克制温和，我们越有可能郑重对待。我们把细微差异、谨慎和厚积视为严谨的学术，以区别于那种大胆、清晰的消息，它更容易出现在 TED 演讲或主流新闻里。对此前无法想象的伤害或者现实中的巨变发出警告，可以卖出更多的书，获得更多点击量。但严肃的、清醒的心灵自有它的习惯，会把这样的断言看成是夸张，不值得信任。在学术圈里，这种习惯一直被当成德性。

不管这习惯从历史的尺度看有多明智——作为抵御一切

政治和科学观点中危言耸听者、煽动者和江湖术士的挡箭牌，当下要继续锚定它都是不适宜的。这不是普通的时代。我们过得并不好。我们的世纪给人和这颗星球的繁荣带来复杂的、环环相扣的、越来越快速和严重的威胁。这些威胁一道为文明的毁灭提出生死攸关的风险。而且我已经说过，即使邪恶的 AGI 所带来的存在性风险可以忽略不计，但这一风险仍然是真的。如果我的判断是错的，这一错误不过是在既有的风险中又增加了一项而已。存在性风险不仅关乎人类灭绝的可能性，它对任何值得期许的未来都是威胁。它也不只关系到遥远的未来。事关未来的诸多存在性风险已然存在，它们是由那些拒绝给今天的亿万生命提供安全、保障、正义和健康的人一手制造的。这些真实的全球危机没有一个能够在杰出的个人或国家层面得到解决。它们是一个越来越彼此依赖、越来越脆弱的人类家庭必须共同面对的问题。

从气候变化和海洋酸化，到不可再生资源的耗竭、经济不平等的加剧，更不用提野生动物生态破坏带来的新型人畜共患病毒的出现，对这些威胁中的每一个和由之而来的那些灾害，我们都有充足的科学警告。但是考虑到预防性措施必然伴随的经济阵痛与社会不适，过去半个世纪中那些清醒的人对此类警告采取了将信将疑、观望等待的态度。要说我们有可能会为这种认知上的谨慎习惯而付出生命的代价和孩子的未来，这可不是夸大其词。

我的本意并非要危言耸听地宣称现状已糟透且未来只会更差。我要说的是，为了要对我们自己造成的这些严峻危机做出明智的回应，我们不得不重新思考我们的主流价值和习惯——甚至我们惯于认作德性的那些性格特征。道德和认知德性总是为了人类繁荣而对特定环境的文化适应。当环境突然发生极端变化时，我们的德性，或者至少我们惯常表达德性的模式会变得不合时宜，甚至对我们造成危险。对变化的需求和环境适应不良的德性就像残留的器官——阑尾或智齿在道德和认知中的对等物。当我们思考如何应对人类面临的挑战时，我们不能简单地祈求更多的德性。如果我们只受当下最容易识别、也最推崇的良善的形式所指引，一味追求更多的良善，这或许就像为了爬出坑洞，却还在不停地往下挖一样。

当我们的自我认识、行为强化系统、政治审思和行动指南越来越由 AI 之镜提供动力时，这个问题会被放大。要记住，这些镜子孜孜不倦地把我们过去的模式投射进一个仍然开放的未来，而且是在全球范围内。若人类最亟须的是变革支持，是完成“将人性锻造为前所未有之形态”这一存在主义使命，那么当前设计的 AI 之镜恰恰是最拙劣的工具。我们当下的德性，恰恰是塑造我们道德视野的东西；可在这样的情况下，我们该如何引导自己的道德视野，又该如何凭借这种视野去研发那些必需的新技术，从而让它们都指向未来真正需要的良善的形式呢？这既是人类自我提升的根本困境，也决定着 AI 未来设计与应用的终极方向。

“自举”（bootstrapping）这个术语广泛应用于软件工程、数学和创业投资等领域，其本质源自“拽着靴带把自己拉起来”这一矛盾指令。若你碰巧穿过后侧带拉环的靴子，便立即能理解其中的悖论：当我站立在地面时，靴带无法提供任何让我自我提升的杠杆。所谓自举，就是凭借自身仅有的资源或优势，以某种方式提升自身地位或推动自身发展的行为——说来容易做时难。人类面临的自举挑战在于：仅凭当下拥有的德性，如何将自身提升至更明智、更负责的状态。

这一类的道德变化是一种创造性的政治进程，许多人做过研究。问问你自己，比如：我们如何从一个普遍认为严格服从神圣和宫廷权威是最高德性的世界，过渡到了一个把这种不动脑筋的服从看作不光彩的世界？有研究专门致力于探讨技术道德（technomoral）的变化：我们的技术重塑人类价值，同时又受其引领的复杂过程。[1] 虽然这些社会学、哲学研究很有帮助，但它们并不专门指引行动。也就是说，它们并不告诉我们，现在应该做出何种变化来让人类的未来免于存在性风险；具体说来，它们并不告诉我们如何能阻止那些变化，它们由那些已经将我们置于危险中的技术和价值系统指引。

我们的确知道，这种雄心勃勃的道德自举要求非凡的实践智慧。人类有个可悲的痼疾：总以激进道德政治运动应对危机，结果这些运动带来的灾难与不道德，竟比其声称要矫治的社会弊病更为深重。20 世纪最恐怖的暴行，从纳粹大屠杀到红色高棉的屠杀地带，都由独裁的社会工程运动所驱动。这些社会工程承诺从可见的威胁中获得新生。哲学家卡尔·波普尔在 1945 年的著作《开放社会及其敌人》中，曾仔细权衡过社会工程的风险。他在书中区分了两种情况：一种是试图构建“理想社会”的社会工程，其结果往往是千篇一律的恐怖、暴力，甚至常常伴随种族灭绝；另一种则是民主制度下的“渐进式”社会工程，这种工程仅以规避“最重大、最紧迫的恶行”为目标，其结果更为有益。

在这些恶中，既有对人类和其他有生存意义的地球物种的存在性威胁，也有对今天临近毁灭边缘的特定群体和族群的存在性威胁。这些存在性威胁早已降临。许多原住民就曾遭受存在性威胁，而施加威胁的，正是如今大多数人类救赎乌托邦叙事的发源地——那些殖民强权与国家。正如凯尔·鲍威斯·怀特与朱莉娅·吉布森在反思科幻作品中气候末日叙事里的存在性风险时所指出的，末日威胁仅对我们中的一部分人而言存在于未来。[2] 若那些在“第六次大灭绝”中每日都在消逝的其他物种能为自己发声，它们想必也会认同这一观点。

这一末日不是在我们前面还能转向避开的事情。相反，它是正在发生的事情，一场针对自身与他人的、不可理喻的毁灭行动。那些掌舵我们政治与经济秩序的强权，很久以前便已着手推行，如今仍在积极且已全然自觉地为其添柴加薪。不再有足够的时间来避免那一末日，或者阻止存在性风险恶化为存在性丧失。对很多人来说，这已经发生了。但我们还有时间，如果我们能够重新定位我们的集体道德眼界，熬过星球末日，从中学到足够多的东西以让我们把生命引向末日的彼岸。

做到这点要求创造性的道德即兴创作。这些创作来自广泛的、分散的但合作共建的民主努力。若要成功，这些努力必须由实践智慧引领；就像手持镜子的慧见女神，这一品格允许我们从过往的模式中学习，而不是退回到过去。用麦克卢汉和菲奥里的话说，我们并非命定地要“倒退着进入未来”。[3] 我们能够像慧见女神使用她的镜子那样使用我们的 AI 之镜：不是让眼睛被历史蒙蔽着前行，而是把它们作为导航系统的一部分。这一系统是由我们共享的道德能力量身定制、建造和操控的，我们用它来为前行导航。

如果没有其他新技术的加持，我们走不了很远：我们需要疾病的新疗法，新的生产、储存、积蓄能量和饮用水的形式，农业复原的新技术，以及修理和维护既有世界的新材料。AI 是一个强大的杠杆，可以推动这些努力。但我们需要以一种新的方式发展和使用所有这些技术，尤其是 AI。这种方式不再把技术看作为了效率和产能最大化的道德中立的工具，而是把它们看作本就是为道德和政治工作而设计的，为了维护生命和人类潜能的工具。我们的教育、媒体文化和经济哲学系统需要深刻的变化，才能实现这种新的方式。现代制度一贯把科学知识和技能与政治智慧、道德责任截然两分，创造出一个错误的两难境地，使得我们被迫把天赋用到这一头或那一头，结果全都失败了。未来呼唤肩负新使命的制度：培育技术道德的智慧与素养体系。

就像奥克塔维娅·巴特勒、吉恩·罗登伯里，以及众多 20 世纪科幻领域富有远见的创作者一样，厄休拉·勒古恩在其作品中预见了我们当下困境的诸多方面，并且用创造性的力量想象并提示了度过困境的可能道路。勒古恩并不认为最好的科幻是一种被动的反应工具，只是用一副未来的面孔来强化现有的良善形象。她把它看作拓宽道德想象的枢纽，以让我们“拓宽社会可能与道德理解的领地”。[4] 让我们回到自举困境，看看 AI 之镜如何能被用来帮助我们解决它。

假如有德之人（the virtuous person）有一个一般模式，我们今天已经能认出它来，那它当然不是什么普遍的模式。在当代人类文化中，对德性的感知仍然是多种多样的。这种多样性对我们来说，实际上是应对自举挑战的一个关键的希望之源。但有一套制度在过往两个世纪中，把一系列特定的德性推到了全球主导地位，那就是现代工业科学技术制度，以及支持这些制度的社会经济秩序。让我们把跟攫取式工业资本主义相关的广为人知的弊端暂且搁置一旁，至少是目前不可持续的那种形式。那是一个轻松的、显眼的目标，而且其他人已经对它做过充分的描述。我们可曾斟酌过与现代工业秩序相关的德性？我们可曾重估过被我们的制度惯常描绘成卓越品质和习惯的那些东西？它们就体现在我们最受人尊崇和尊重的创新者、企业家、领导人和教育家身上。

我们立刻会想到的品质包括：高效、自信、坚韧、独立思考、毅力、激情与专注。然而，如果这些正是被最为推崇的特质，它们又如何把人类推到了全球灾难的边缘？这一耳熟能详的“杰出”形象——在当代语境里，它对应亚里士多德所说的“德性”——必定早已与地球和社会的现实严重错位，才会将我们带到今日的境地。如果我们果真站在环境和文明毁灭的边缘，那么对我们当前所理解的人类德性进行客观的、回顾性的评估就不太有利。这也是我们的自举难题，要走出危机，我们仍需运用德性。我们正处于文明的困境之中。

只有两种方式可以帮助我们度过人类家庭和其他与我们共享星球的物种面临的存在危机：第一种是协调一致、广泛参与的集体卓越行动，在全球范围内发展对不可持续实践的阻断和系统改革需要它。第二种是神的拯救。我们中的绝大多数认为指望后者就是一场胜算极小的赌博。即使有些人有宗教倾向，也没有证据表明上帝会帮我们清理掉我们在地球上的烂摊子。所以我们需要前者：在全球范围内对人类德性的使用。这本身就是一个让人畏惧的任务，但若要它成功，我们就不得不重新思考、重新学习什么是德性。把双倍的赌注押在让我们陷入如今困境的数代人中“最好的心智”所具有的德性上，这并不比拿着金铲子给自己挖坑以跳出来更明智。

抛开既有的那些，我们应该追求什么德性呢？能帮助我们的德性中至少有一个目前是为人熟知的。实践智慧（明慧或慧见）有一种道德建构功能。虽然它最初的作用是确保我们的道德习惯以符合情境和语境的方式得宜地表达，但它也给我们的道德能力提供了一个灵活且具有创造性的维度。实践智慧能让我们免于由盲目遵从反射性的道德行为和僵化的社会脚本（social script）所引致的灾难，因为它们和全新的、陌生的环境所需的道德要求不相一致。而这种环境恰好是对我们目前状况的描述。实践智慧是解决道德自举困境的唯一方式。

孟子曾经阐述过实践智慧的这一功能。他描述了一个有德的人如何把禁止一个男人碰他兄弟的妻子这一社会禁忌放在一边，毫不犹豫地把兄弟的妻子从水里救出来的情形。他说，僵化的、盲目的遵从是德性的敌人。[5] 这是因为实践智慧或者道德智能不是简单地对行动过程的计算，不是从既有的模式或规则所做的推断，那是 AI 系统所执行的方式。相反，人的道德智能必须是高效的，它有跳跃和旋转。当我们发现自己处在陌生的道德领域时，例如新技术常将人类抛入的伦理无人区，或是存亡级气候风险的未知地带，这种能力便弥足珍贵。

但实践智慧要求我们离开它的古典模式。前现代的德性伦理学家把实践智慧描述为为了做出灵活、富有创造性的道德判断的个人能力，但他们通常不把这一能力运用到集体的道德生活中。比如，亚里士多德从没想过实践智慧被应用于政治的场景，以集体挑战雅典贵族既定的德性模式，或者改变它以适应新的社会或环境。孟子并没有将那位姻亲兄弟暂时地脱离习俗的行为视为一种许可，去改革家庭和性别关系中更广泛的仪轨。他们都没有看到一个超越传统价值等级的世界。他们当然也没想到世界会因为技术而发生如此剧烈的变化，以至于为了我们接下来的繁荣发展成为可能，道德卓越一直以来的模式不得不随之变化。

这种变化很难实现。如果道德智能就是单纯的计算推理演练，那么这个自举困境也就不存在了。我们只需要重做一次道德计算，然后对行为做出必要的改变，不论这种改变多么违反道德直觉，乃至让人厌恶。在第三章，我们谈到这实际上就是具有“强烈”长期主义倾向的极端功利主义者所采取的策略。他们大胆地劝告你忽略你自己孩子的幸福与安全，以便花更多时间让有钱的捐赠者给 AI 安全研究捐款，或者花钱让 30 世纪可能存在于虚拟数字乌托邦中的那些心智总和的存活概率提高 0.0005 个百分点。德性伦理不是这样运作的。它强调，我们道德卓越的内在资源，以及这些资源给予我们寻求道德理解的能力，并不停留在一个可以随心所欲进行编辑的知识存储器里。相反，我们的道德眼界和习惯深深地植根于我们的性格中，与“我们是谁”难舍难分。人不是可以重新格式化的数字媒介，不是可以被重新编程的机器人，也不是可以被擦拭干净的白板。

当我们个人的、社会的道德性格急需改变时，又会发生什么呢？要帮助我们回答这一问题，就让我们更仔细地审视我们所需的那种改变。它涉及对人的技术和道德才能的重新调整。前面几章应该足够清晰地说明了，在技术系统的设计与开发中忽略伦理维度的杰出标准，为什么是我们承受不起的。当然，从第一座大桥坍塌以来，这话早就该说了。公众关心那些建构世界者的正直和可信赖度，就跟他们关心技术本身一样久远。专业工程社会法典化的回应可以追溯到20世纪早期，最早以操作的专业标准和法规的形式出现，之后则是专业化工程伦理的公开发布法规。

然而对今日技术的伦理要求远远高于专业正直的基本义务，以及铭刻在这类法规中对公共安全的关心。今天的工程师和技术人员，尤其是那些设计、开发、使用或维护先进AI系统的工程师和技术人员，他们被要求做出合乎情理的判断——他们的工作将对远为广泛的一系列道德良善造成何种影响，从社会公平正义，到隐私和自治，再到社会技术系统的透明和问责制，再到民主制的健康和星球的可持续性。

比如说，想想我们最近在AI之镜工程中的跃进。正如这本书所论及的，它们迅速地放大了全球范围内的人类偏见和虚假信息，诱惑我们把司法、医疗、军事、经济和政治中的决策自动化，产生了合成的网络人设和文化内容。这些人设和内容以难以察觉的方式杂糅了真人和创造性的表达。或者想想在一个80亿人面临灾难性的气候变化和生物多样性崩塌的世界里，这一变化和崩塌恰好是由我们赖以为生的同一个工程系统带来的，身为工程师意味着什么？

人类建造的技术系统始终无法与社会制度、规范及实践割裂——它们形塑技术，亦被技术重塑。但哲学家汉斯·约纳斯近半个世纪前曾经说过，当今技术及其创造者已被抛入存在性、道德与政治问题的旋涡中心，而这些问题曾经首先是哲学家和神学家的专属领域。[6] 这些终极之问关乎：人类彼此亏欠什么？人之为人的本质何在？如何（或能否）为子孙后代留存生命存续与人类繁荣所需的条件？当下的 AI 工程师与开发者们，其教育与职业训练足以担此重任吗？

在一个高度专业化的 STEM（科学、技术、工程和数学）课程进一步脱离自由艺术和人文的时代，现实就是我们的制度让今天的技术人员，尤其是那些 AI 研究者和开发者，注定会失败。他们所建造的工具决定着人类持久发展的条件，甚至决定我们繁荣的概率，这就产生了新的社会期待，要求他们做出远超出其专业才能和正直品质的事情。对这些塑造现有世界的人所抱有的期待，只能通过运用技术伦理智慧才能实现。AI 专家和其他技术从业者如今已无法再对这些新的道德期待置若罔闻。这些期待被搁置得越久，公众对科学和技术专家的不信任就越多——它的有害后果已经非常明显了，从疫苗、5G 网络到气候政策，无处不在的阴谋论。对技术德性和道德卓越之间日益增长和不可持续的紧张关系，我们有什么补救的办法呢？

今天公众对技术和科学专家的不信任招致对技术本身的反应式恐惧和怨恨，媒体有时候把它称为“对现代科技和大型科技公司强烈的负面情绪”。这种情绪多数是有正当理由的。我们有理由怀疑那些人的愿景和优先事项，他们推动了作家科利·多克托罗所说的社会和生活的“垃圾化”（enshittification）。这种垃圾化是由科技平台公司所中转或递送的物品和服务日渐低劣的质量造成的。[7] 数据革命不仅没有带来它早先承诺的更加公平、和平和民主的世界，它甚至都没能维持前数字时代的革新：稳固的基建，为美好生活提供基本保障。[8] 在美国，这个原本是今日创新文化的中心，对社会健康最为根本的那些指标，比如预期寿命、住房、食品安全和孕产妇死亡率，全都走错了方向。

然而包括 AI 在内的新技术，对于为人类和其他物种建造一个可持续的世界来说，甚至对一个不只是让少数人能够享用干净水源和有营养食物的世界，仍然是至关重要的工具。不管有多合理，对技术及其创造者所抱有的怀疑和怨恨，也能轻易地超出合理边界，切断我们脆弱的文明所赖以建立的物质支持。这些怀疑的态度也绝不限于那些阴谋论者或未受到良好教育的人。

想想“去他的算法”那个口号。它在 2020 年夏天英国街头的学生和家长抗议中涌现。起因是政府为应对因疫情而取消大学入学考试，灾难性地提出一种社会性倒退的算法解决方案。这个算法从其他数据来预测缺失的分数。它的设计更有利于小型、私立学校中更富裕的学生，而压低了那些公立学校学生的可能分数。几个月内，这一口号就传到了斯坦福大学校园针对另一个不公平算法解决方案的抗议中。该算法用来给医护人员分派新冠疫苗，优先派发到风险较低的资深医护人员，而非在一线处理新冠病人的年轻医生。

技术从业者自身同样深陷信任危机。谷歌解雇 AI 伦理先驱蒂姆尼特·格布鲁与梅格·米切尔等企业丑闻出现后，加之众多计算社区中长期存在的性别歧视与边缘群体压迫（与此同时，AI 工具在道德与科学层面的滥用正掀起无尽恶浪），许多领域的 AI 研究者正遭遇士气低落、群体分裂与彼此猜忌。一项针对企业内部“负责任 AI”团队的研究显示：即便在 AI 生态核心试图推动变革的伦理践行者，也常面临领导支持不力、话语权式微、权力结构倾轧与激励错位的困境。[9]

数字技术和创造这些技术的公司是这些争议中最明显可见的病灶。然而，在由数百年毫无节制的工业掠夺所引发的气候与生物多样性危机的背景下，当代工程实践的整体——即现代人造世界及其系统的设计与建造——正在公众想象中日益与一种非法、分配不公且具剥削性的权力使用联系起来。

关键之处在于，这并不是针对“坏人”滥用工程或技术的批评，如流氓国家或恐怖分子；而是一种普遍认知：正是这一领域中的那些最佳行动者，为其杰出最受赞美的那些人，他们造成了这种伤害。

公众关于技术以及它与人类良善是否协调一致的担忧可以追溯到古代。在过去的这个世纪里，这些担忧主要通过三种方式得到解决：（1）对科技活动的文化价值重构与经济激励强化；（2）运用政府监管约束技术有害应用；（3）通过确立工程领域合法性、制定行业标准及完善职业体系以保障公信力与风险管控。至20世纪90年代，这套治理模式仍被普遍认为足以应对时代需求。

在富有的经济体对科学和技术进行大量投资时，民事、机械、生物医药和航空学工程专业似乎都处在一个正面形象的轨道。这在很大程度上归因于20世纪晚期的管控和更健全的安全文化，以及工程伦理实践的专业法规的出现。

实际上，在21世纪初，被广泛使用的工程伦理课本都在讲述一个相似的故事。它们都以20世纪一系列的工程灾难和丑闻开始，这些灾难和丑闻由伦理和制度的失败而导致：拉夫运河废物污染事件、福特平托油箱缺陷案、Therac-25放疗机致命事故、博帕尔毒气泄漏、“挑战者号”航天飞机爆炸。此类事件总被定性为对公信力的践踏与职业共同体的自戕，而解决方案是强化工程师伦理理想与行为准则的教育灌输与职业训导。除了已经设立的工程伦理法规“至高”条款把对公众安全的义务提升到利润和客户满意度之上，还有不伤害原则、勤勉和正直这类职业规范标准，后“挑战者号”时期的工程伦理叙事更多地讲述吹哨人和工程领袖的道德责任这些较新的故事。

然而，去监管的政治风向与监管俘获的扩张——由米尔顿·弗里德曼等新自由主义经济学者为其提供智识掩护——早已开始侵蚀这座本就摇摇欲坠的工程责任大厦。它那脆弱的结构无法承受新一轮技术霸权带来的冲击：即“科技巨擘”这类庞然大物的崛起，以及随之出现的新一代工程师身份的根本转变——从社会权力的“中介者”跃升为权力的“直接执行者”。由于现代制度性质发生这一深刻变化，如今少数跨国科技巨头已可与各国政府分庭抗礼，竞逐世界强权；与此同时，它们又拥有并控制着那些构建并形塑媒体文化与公共话语的平台——而在民主社会中，这些平台本应担当合法化权力并使其接受问责的角色。

这是柏拉图和亚里士多德所认为的那种未受检视的权力。它本该由一众受过严格训练和政治上经受过考验的哲人王（philosopher-king）去公正地和明智地行使。绝大多数哲学家对这种乐观主义望而却步。如今，塑造我们未来的权力、颠覆并改造社会制度的权力，以及引导数十亿人日常行为的权力，都掌握在一个分布广泛的群体手中——人工智能软件工程师和其他技术从业者；而他们中的绝大多数，在获得计算机科学或工程学位的整个过程中，很少被要求阅读一些关于正义本质、政治权威之限度，乃至世界历史总体轮廓的论述。这样的情形注定会有一些不幸的结果。

这里的重点不是要把今天的计算机和工程专业人士刻画成无知或能力不足的形象。重点是今天众多工程师和技术人员所立足的地基已经发生了剧烈变化，而教育机构几乎没有对此进行过全面评估，更不要说对这个变化做出回应了。如果我们想象今天的 AI 开发者和工程师仅凭习得一门教授得挺好的工程或计算机伦理学课程，就能满足他们对公众已然无限扩大的专业责任，那么我们就是在提供一种水分过重的危险疗法。而这样的一门课程作为一种介入方式虽然广受欢迎，但就连在 20 世纪 90 年代也是远远不够的。当前和未来世代的福祉，已经因此蒙受了损害。

对今天 AI 专家和其他技术人员的道德要求远远不止勤勉和正直的专业品德，强加给他们的责任也远超出对公众安全的关切和避免造成大规模死亡。实际上，责任这一概念于此并不足够。一般而言，尽责行事通常并不蕴含典范的德性。它所要求的不过是遵守众所周知的标准或实践，付出最低限度的应有关心和勤勉。一个十几岁的孩子就能负责任地行事，只要他们对他人的利益表示最基本的关心，避免鲁莽行事。但要安全稳妥地把非同一般的权力、对数十亿生命非同一般的影响力委托给他人，仅仅做到这些显然远远不够。

在计算机实践、新技术与人类繁荣的基本条件和制度之间，有稳步加强的、越来越牢固的依赖关系。互联网的使用日益紧密地与民主制的命运相结合，它甚至构成民主命运的一部分。AI 的影响经常被看作全球未来经济样态的首要决定因素。地球生命的未来已无法仅凭自身维系；在很大程度上，它必须依赖那些设计、建造并管理人造世界的人来维系。如今，人们要求技术从业者直面并承担起一系列问题——这些问题不仅需要基本的道德能力与正直，还要求非同一般的道德和政治专业知识。

道德期待越来越重地加在今天的技术人员身上。而这种期待只能由人类实践智慧的道德典范才能满足。亚里士多德把他们称作“杰出者”（*phronomoi*）。[10] 我们已经说到过，对那些最难以做对的事情进行道德推理和道德判断，实践智慧或明慧是至关重要的。平常的道德生活并不总要求充分地调用明慧来把事情做对。因为社会惯例、法律、风俗和习惯常常给我们很好的指引，不必如履薄冰、小心思量。比如说，要求一个工程师不要把老板的财产或商业机密偷去卖钱，或者让他拒绝客户的贿赂以伪造一份安全证书，不太需要触及实践智慧。通常的诚信和正直的品德就足够了。虽然这些品德并非人人皆有，加之各种激励措施促使人放弃，但这些寻常的优秀品质是一个非常合理的标准，可以要求任何技术专业人士达到这一标准。然而，当下它们已经不再够用了。

即便诚信如常的内容审核者，面对 AI 生成信息与阴谋论推荐算法时，仍会束手无策——既要维护思想自由交流，又要遏制危险谬误蔓延；即便秉持公平的机器学习开发者，在医疗资源分配算法设计中，面对多重互斥的公平指标与社会正义的非形式化诉求，亦将茫然无措；即便恪守职业操守的 AI 工程师，构建关键公共服务算法时，也难兼顾安全性与透明度、精准度与可解释性、高效性与可审查性。

这些都是今天 AI 专业人士面临的一些常见挑战。它们不是奇特的边缘案例，也不是会读心术的脑机接口，或者具有人工道德能力的机器出的令人头昏脑涨的难题。在我们当前的环境里，所有这些都意味着 AI 专业人士别无他法，在道德和社会方面注定会失败。但这也还没有触及更深层的自举困境——我们长期推崇的那些道德和技术的杰出范式，我们在最引人注目的那些德性典范中践行的准则，已经无法适应，需要做出巨大的变革。我们去哪儿寻找创造性的道德智慧，来开辟出新的道路呢？

我们中的那些道德哲学家不具备这种智慧。这不仅是因为在书写德性和拥有德性之间公认地缺乏相关性，也因为就算道德哲学家本身足够有德，他们也几乎都不具备技术专业才能。而这一才能却是恰当地构想已筑世界如何能被不一样地、可持续地配置需要的。它的重要性出于两个理由。第一，我们几乎已经没时间了。我们不能空等那些聪明哲学家设想的却尚未实现的技术能力，必须基于未来十年可获取的技术能力与资源——那些已在实验室研究和测试的原型技术——来重塑世界。

第二，如果我们不对技术本身进行同步的重新构想，那么对这个星球以及我们人类在其上生存方式的道德、政治与经济重塑，都将是不完整且不足的。如果没有众多新的技术输送和实践的帮助，也就无法重造一个 80 亿人的可持续的、繁荣的世界。当然，单单这些技术和实践并不足以让人类兴旺。即便埃隆·马斯克有他网络拥趸所吹捧的一半技术天才，即便他未曾把 99.9% 的人宣判为“注定被抛下”，而只能由少数特权富豪逃往火星苟延残喘，他也依旧成不了我们的救世主。

相信在没有道德和政治智慧的帮助下，技术能解决我们的问题，这种天真的信仰并不能减轻我们当前的危机，只会雪上加霜。一直以来都是如此，但我们还没吸取教训。一个多世纪以来，我们容许杰出技术的主导形象和杰出道德的主导形象渐行渐远，而它们中的任何一个对我们这个时代来说都是不够的。我们不得不让这两者共同创造出一种前所未有的新事物：技术伦理德性，以及指引它的技术伦理智慧。这一困境本身恰恰又是紧迫而珍贵的行动指南。它虽非通往人类繁荣可持续未来的详细路线图，但它至少给我们指出了驶离当下位置的大致航向。

试想，若全球顶尖学府能对人类正在经历的危机做出回应，将如今榨取式资本主义体系中追逐短暂利益的同等资源——那些显然无法在地球上持续的经济手段——转而倾注于培育新的技术伦理智慧体系，我们或许真能看见希望。必须强调的是，这一迫切需求不能被斥为天真理想主义。当漏水的救生艇遭遇暴风雨逼近时，乘客提出的任何可行的靠岸方案，都无关理想与否，只关乎生死存亡。

如果决定教育系统职权范围的人类意志和力量对出现在眼前的人类危机漠不关心、不做回应，那我们的教育系统实际上就是徒有其表的。用汉娜·阿伦特在 1954 年《教育的危机》中的一句话来说："教育是一个关键节点，我们由此决定我们是不是足够爱这个世界，是不是爱到愿意为之承担责任，将它从必然的衰败中拯救出来？而这份拯救，唯有通过新生代的涌现与变革才能实现。"[11] 当下亟须反思：为了应对未来的挑战，我们必须如何重构现代德性体系？又该如何通过彻底革新当今所谓的“人类杰出的标准”来实现这种转变？

尽管人类杰出的标准在不同的地域和文化中有许多不同的构想，但全球经济和技术秩序已经成为这种多样性的一股强劲的反作用力。如果外星人调查员看到 21 世纪的地球生命，把它跟 16 世纪的调查做比较，他们将发现在肉眼可见的程度上，人的从众性（conformity）正在惊人地、迅速地提升：穿着打扮的方式、住房建设、交通和通信方式、工作休闲模式、创造性表达的工具和风格。说到工业和商业，我们的价值以几乎相同的方式诡异地呈现同质性。

在后工业时代对美好生活最普遍的想法由这一经济秩序中公认的那些杰出榜样定义。它在美国 19 世纪 90 年代和 20 世纪初盛行的“励志海报”现象中到达了最为滑稽的程度。这些口号迅速传播到全球。如果你年纪足够大，你很容易想起它们来。（而如果此刻你正嗤之以鼻或翻着白眼儿——很不幸，你正是这体系中的一分子。）虽然这些口号如今被冷嘲热讽，但这并不妨碍你记起它们几乎贴满了每一家硅谷“独角兽”的墙壁。它们准确地反映了全球顶尖的商业和管理学校所教授的关于杰出的哲学，而且几乎每一本许诺给予个人和企业成功道路的畅销书都是这些口号的映照。

这些海报对“杰出”作何诠释？其中一张如此定义，“杰出”是这些行为的结果：“比别人关心得更多，冒险得更多，比别人的梦想更大，比别人的期待更多。”在海报里，一位杰出的成功人士被表现为一只孤鹰。它翱翔在评判之上，不被任何人牵连，不被他人的安全、福祉所需的义务或责任牵绊、限制。“杰出”人士冒着比他人所能接受的更大的风险，无须问他们的行动会把谁或者什么置于风险之中，也无须问那些被置于风险中的人或事如何能被保护。简言之，他们行动迅速，打破一切。

另一个版本里无处不在的“杰出”励志海报将一句充满现代感的口号归功于孔子：“赢的意愿，成功的欲望，充分实现潜能的渴望，这些是通往个人杰出之路的敲门砖。”想必不会意外，坊间那些印在笔记本、咖啡杯和鼠标垫上，被归功于孔子的所谓“箴言”，无一例外都找不到确凿的文献出处。海报画面展现了一条金鱼从挤满同伴的小鱼缸跃入空旷的大缸。这条“杰出”之鱼甩下其他困居狭小空间的同类，独自凭借“杰出”拓展了自由的疆域。想必立志殖民太空的亿万富豪会自豪地将其悬挂在墙上。

不得不说，这是一件不费吹灰之力的事情。这些励志海报的制作者在利用一种狂热，而非定义任何人的价值。今天，这样的话术，还有你能在网上看到的类似的爆红梗（模因）和戏仿，就是关于一个短命时代的笑话。但我们有时候也能从这些正在逝去的文化造物中学到些东西。它们反映了杰出的流行形象。这些形象依旧融合在我们逐利的、创新的文化DNA里。这些形象反映了一些最广为人知、最受赏识和最被推荐的德性实践。它们在晚近现代社会随处可见。这些形象跟建造了这个不可持续世界的性格习惯和特征紧密相连。正是这些旧模式把我们带到了当下岌岌可危的悬崖，而非亟须创造的新路径。于是，自举困境出现了。

许多技术专家提出的“AI向善”（AI for Good）愿景——常被用来对冲人工智能的社会危害——也同样陷入这种自举困境。这是科技公司和计算机研究人员创造的一个口号，他们想要美化AI的名声。向善的AI对什么有好处呢？你只要看一眼获得资助的绝大多数向善的AI的议案，它们显然映照的正好是那些随处制造伤害的AI功能，只是被导向据说是更好的目的，比如促进联合国的可持续发展目标（SDGs）。像绝大多数AI应用那样，向善的AI项目监控、分析、预测、识别、分类和绘制事物和人。“善”的项目监管濒危的森林，而不是抗议者。它们预测洪水，而不是保释违法者。它们识别非法活动的受害者，而不是经济状况不稳定的租客。它们对侵略性的物种进行分类，而非我们最私密的情感。它们绘制疾病暴发的地图，而非石油矿床。

这些应用中有很多真的很好！但它们还是限制了“AI向

善”的可能空间。在这个可能空间里我们已经知道要怎么做，也习惯了与计算机协作：相互监控、预测、标注和分类，对这个世界的各种资源做同样的事情。它们“行善”却未对制造其量化之恶的制度进行任何结构性变革。它们不改革任何因腐败而催生其存在的体制，也不撼动那些让不公之杯永远满溢的社会偏见与等级。这些 AI 镜子只是让我们继续走在老路上。

我想再次强调：AI 不是问题。问题出在我们不愿意放下既有的工具，退后一步，去重新评估它们正在复制的那些模式——甚至那些据称“有德”的模式。在我们的 AI 之镜中，哪些广受褒奖的德性最有可能被我们的 AI 之镜映射，而实际上却是陷阱？哪些事物在功能上成了道德等价的“水泥鞋”，将我们拖入陈旧且不可持续的模式的深渊，而非让我们能自由地改变固有习惯与价值观，或将其重塑适应当下需求？

想一想康德礼赞的那些启蒙英雄的品质——独立思考。他们有勇气为自己思考，“敢于求知”。这是一种智性的德性，是一种卓越的特质，是我在第四章建议必须奋勇抗争以保持的德性。但在数字社会，这一德性呈现出何种形态？我们是否已使其充分适配于这一新环境？从康德发出召唤以来的这几个世纪里，互联网上充斥着受过良好教育、智性上充满好奇的人。他们养成了这一习惯，并在老师的指导下将其视为德性的标志。我们中很多人现在习惯性地、过于自信地坐在扶手椅上进行流行病学、气候科学、深海潜水工程、野火管理和俄罗斯军事策略的分析，却往往浑然不觉自己早已深陷认知的深渊。但这并不是我们的错。这些领域如今已极度复杂，所需专业知识又高度细分，单凭勇气、好奇与热忱已远远不够。对我们大多数人而言，在这些领域“自行研究”，只会让我们陷入彻底的困惑；更糟的是，还可能导致我们做出荒唐之举——比如（像疫情期间有人误信谣言那样）服用兽用驱虫药。

然而，我们主要用 AI 来助长的，正是这股虚张声势的“独立思考”冲动，而不是帮助我们更准确地评估专业意见，或培养谦逊提问、耐心倾听的智识美德。我们不想成为有耐心的、乐于接受的学习者。我们想成为大胆、勇敢、独立的思考者！如今，ChatGPT 会为我们提供所需的各种空洞话术，让我们听起来像充满自信的“智识特立独行者”，却无需我们对这一“理想形象”本身进行任何反思。再看看励志海报上另一种备受推崇的德性：坚持不懈（perseverance）。现代领导力与卓越自我最推崇的口号，就是“永不放弃”“迎难而上”。可今天，这种德性把我们带到了哪里？它让身处权力与舒适层的那些人，不顾一切地继续灾难性的征程——无论是时隔多年仍躲不开路边消防车的特斯拉自动驾驶，还是一个每天都在进一步侵蚀民主基石的社交网络。

但马克·扎克伯格、埃隆·马斯克这类人，早已将“坚持不懈”这一德性奉为圭臬。他们总会说“会做得更好”。他们承诺会纠正错误，会让一切步入正轨——总有一天会的。在他们看来，终有一天，我们会因为他们的“永不放弃”而对其心生敬佩。难道他们有理由抱有这样的期待吗？如果他们放弃现有的平台商业模式，反抗投资人，把那些有害的机制拆除掉呢？这些机制正是21世纪被重新建构的社会和政治生活的基础。或者发现这太困难了，干脆承认失败，一走了之呢？在行业领域，那些把“飞机”掉头返航的领航者，会被视作比全速将飞机撞向地面的人更彻底的失败者。即便那些原本希望他们彻底退场的尖锐批评者，也会嘲笑他们。我们根本不知道有德的放弃该是什么模样。在我们的AI之镜里，我们永远也不会看到这种德性，因为它不是我们已有道德语汇的一部分。（没有口号会说“如果不行就放弃吧！”）但也许我们的语汇里需要它呢？如果我们给它一个名称，没准儿世界会更好些呢？

我们习惯性地、不经反思地把价值赋予坚持不懈这一德性。这种价值观对穷人、受压迫者的帮助并不比它对有权势者的帮助更多。坚忍地在一个正在摧毁你的系统里继续前行就是走进坟墓。关于这点，想想我们如今如何描述那些不肯接受现状、不愿埋头苦干、拒绝听从长辈“埋头更努力更聪明地干、别抱怨”的规劝的人。当我们看到年轻人走上街头，违反宵禁抗议种族不公与威权统治，或者罢课要求环保行动以守护他们的未来，我们如何评判他们？我们把他们视为有德之人吗？

甚至那些有上百万追随者的年轻活动家，比如格蕾塔·通贝里。对他们的描述并不是有德，而是有恶。我们说他们没耐心、浮躁、愤怒。就算我们承认他们的事业是合理的，我们还是给他们贴上反抗者和煽动者的标签。他们不谦虚、不明智，批评长辈，不尊重那些因他们而遭受不便的通勤者和业主，也不尊重他们对之大吼大叫的警察。他们言辞不慎，鲁莽地提出要求。这还只是针对白人青年的描述；若他们是有色人种，则常被视作必须立即以警力暴力加以制服的现实威胁。

当我们以这种方式框定这些行为时，我们在想什么、说什么呢？我们堵住了哪些通往可持续未来的道路？当我们面对日益迫近的地球生命系统崩溃时，为何当下对德性的理解会阻碍我们拥抱那些理性的、明智的行为？我们用什么话语去描述那种有德的拒绝？拒绝参与一场由化石燃料引发的大规模种族灭绝，拒绝跟那些逼迫我们这样做的人同流合污。在 AI 之镜里，我们看不到那种话语，因为我们还没有对它们说起过它。但今天各大洲的研究者都在忙于创造基于大型语言模型的“道德机器”。如果他们做成了，这些机器也不过是对我们已有的道德语言鹦鹉学舌，而绝不会催生我们亟须的新语言。

当我们进入硅谷的“高网络文化”圈和其他 AI 专家的堡垒时，这个问题最为尖锐。在那里，没有比反抗更大的恶。这一领域的德性对产品和人都适用，它们就是效率、连续、速度、无摩擦传输。这些德性在这些圈子里几乎完全没有被质疑过。它们不过是讲究“高效送达”的德性，而非从根本上“进行解救”的德性。法国哲学家、社会学家雅克·埃吕尔很不幸地一语中的。他在 1962 年就警告过我们，效率规则很快就会变成理性上唯一可辩护的道德原则，而“技术价值”会变成唯一可被认可的价值。他预言德性会被重新定义为渐次地消除人为造成的摩擦和不确定性，而那些无法被融合进这一新技术精神的反抗都会被看作恶，不管它是身体的反抗、心理的反抗、政治的反抗还是精神上的反抗。

我们必须打破雅克·埃吕尔所说的技术价值“闭环”，而仅仅建造越来越多强大的 AI 之镜对此不会提供什么帮助。它们所能做的就是确保我们的道德语言和道德眼界依然准确地聚焦在它们已在的位置，它们在整个工业和电子时代都在这个位置上留下了海量的文化副产品。我们盲从地收集和数字化这些副产品，喂给这些镜子当作训练数据。这些镜子毫无疑问会在它们表面的“道德表现”方面得到提高，但那只意味着它们将学会更稳定地映射我们的道德舒适区，为我们未经改变的恶和未受挑战的偏见过滤掉所有残留的证据。到那时，要辨认出这些镜子机械反射给我们的道德形象究竟哪里错了，哪里缺失了，会更加困难。因为它们为我们提供的恰好就是我们认为最为熟悉的、最令人心安的、最正确的形象。

这就是为什么“价值对齐”这一常见的比喻作为管理 AI 风险的策略，作为让 AI 更“有德”或“负责”的策略，是如此的危险。它听起来可是太正确不过了！我们当然想要 AI 跟人类的价值保持一致，跟“我们”的价值保持一致，但在人类和我们之间画等号已经是一个危险的错误了。记住埃吕尔的警告，它是在人工智能技术的商业腾飞 70 年前写就的。人类的价值早就已经对齐到与全球社会技术秩序、效率和生产控制系统保持一致了。这个系统数十年来都在奖励和称赞那些人的德性。这些人让我们跟这个系统一起工作，为这个系统工作，并惩罚那些不这样做或不能这样做的人。

不妨想想无数劳动者：他们薪资受限，还要承担沉重的一周 24 小时不间断工作负荷。2022 年，这些人发起了一场社会运动，主张“只按薪资对应的工时工作”，当“超额工作”危及自身健康或幸福感时，便拒绝这样做。然而，主流媒体很快将他们斥为所谓的“躺平一族”（quiet quitters），完全无视他们只是履行合同约定的职责，同时拒绝无偿劳动与不合理的个人牺牲要求——而这种要求，若放在 20 世纪为“健康 40 小时工作制”抗争的活动家眼中，足以让他们震惊不已。倘若未来的 AI 之镜，是基于当下传播最广、最具权威性的道德观念训练而成，那么这些镜子给这群劳动者贴上的标签，仍会是“逃避工作的人”。

实际上，在整个数字时代，人类与生俱来的，常常也是必要的抵抗反应，表现为身体紧绷、精神不安、悲伤和生气，都被看作个体的病理性疾病，需要通过私人理疗、正念和悦纳的习惯、药物或牧师咨询来得以缓解。而这些反应几乎不能通过政治行动来改善。这些政治行动本可以实质地改变产生这些疾病的环境。自动聊天机器人理疗和正念实践应用程序的数量让寥寥无几的劳动组织便利软件相形见绌，这可不是巧合。

为了下一个世纪，我们需要新的德性语言。更难的是，我们需要这些语言变成技术创新世界能被听到和说出的道德语言。我们需要的语言不是技术悲观主义的语言——那不过是对现代技术条件反射式的不信任罢了。我们必须避免掉进回望式的思乡病里，怀念一个无法也不该恢复的前数字和前工业世界。但这些新语言必须既要能够容纳，也要能够看重理性的、健康的和必要的抵抗现象——不仅是个人，还有制度。它需要能够为这样一种德性发声：这种德性无关顺从妥协，而是在于主动舍弃——懂得在恰当的时刻停下，再以全新的方式重新开始。它也需要其他德性。

对封闭的全球经济来说，我们需要看重复原和修复的品德，就像我们看重创造的品德那样，甚至更加看重。如果你在 21 世纪数字经济中跟技术人员一起工作，你就会知道复原和修复常常被嘲笑为年长的机械工程师、收藏家和手工艺者的工作。它们不被看作当前的数字现实以及其未来所需的德性。今天的数字德性依然是用完即弃、可替代、速度、规模和无摩擦便利。但如果可持续的经济秩序是可能的，那复原和修复就需要被重新看重、重新认定为是未来的德性。像 2020 年《创新的迷思》一书的作者李·文塞尔和安迪·罗素那样的“维护者”们所付出的哲学努力，是探索这一新的变革中少数先锋工作之一。虽然这些事业尚待完成，就跟对这些事业所付诸的努力一样，它们也需要接受严苛的挑战，但它们应该被包含在学术和技术主流的中心并被评估，而非消失在边缘。

然而，这并不意味着没有创新的空间。要建构一种可持续的经济，让地球对目前的和未来的数代生命变得宜居，要创造出变得更健康、更富有活力和更公正的社会，都要求大规模的创新。而且其中很多都会是数字的，或至少是科技的。在这个过程中，AI 举足轻重。就像写作一样，AI 帮助我们拓宽、外化我们思考的模式，把这些模式应用到自然认知难以理解的问题领域。但 AI 不是智慧，它只是寻求智慧的另一个工具。这些工具不知道我们需要什么，我们是谁，或者我们能够一起做什么，也不知道我们为什么应该做这些。如果我们也不知道，那就是我们自己的问题。

要让它成为可能，那么创新的意义，我们所认之为创新的东西，都需要做出改变——它本身需要创新。让它跟有德的摩擦（friction）和抵抗相容，跟有德的放弃、复原和修复相容，都还不够。正如弗吉尼亚·赫尔德和琼·特朗托这样的女性主义哲学家和关怀伦理学者清晰地阐述过的，关怀和服务这类感同身受的德性也被延搁了，为了人类的未来需求，它们需要被重新看重和采纳。而转向关怀能把我们带回科技的初心，和它在人类生活中一开始占有的位置。

西方哲学的创始人柏拉图和亚里士多德一再把技术和生产技艺刻画成最不值得卓越心灵花费功夫的行为和知识形式。常见的说法，是把他们嗤之以鼻的动机解释成技术和易逝的、多变的物理世界之间的关联。柏拉图警告说这一世界会侵蚀掉不变的、永恒的、非身体的灵魂。但如果我们深入挖掘，这里面的渊源远超于此。古希腊哲人同其后的许多人一样，贬低了一类与女性及家务劳动紧密相连的技能与知识——那些由通常被排除在政治精英之外的劳工阶层带出家庭的技艺。

柏拉图甚至在《法律篇》中提出“我们这块土地上的公

民和他的仆从绝不能进入以艺术或手工业为职业的工人的行列”。[12] 这些领域包括“机械艺术”——我们称之为技术。亚里士多德认可这点，在《政治学》中详细地谈到了这一禁令。他说艺术阶层不配有公民权，因为他们的职业是提供“必要的服务”：“必要的人要么是奴隶，满足个人的需求，要么是技工和劳动者，服务公众的仆人。”[13] 亚里士多德的话听起来竟然很耳熟。我们在第三章听到过一个近乎完美的回声——2000 年后，塞缪尔·巴特勒于 1872 年在《理想乡》中写道。他预见到机器在未来会成为我们的威胁，他这样说：“它们的存在和发展要归功于它们服侍人类需求的力量，因此必须是且永远是低人一等……就算如此，仆从也会毫不费力地用难以察觉的方法变成主人。”

这可真是荒谬。西方哲学中最具影响力的价值观体系，竟将“满足人类需求”——即运用才华、创意与技能为他人提供重要服务——始终贬为低等职业。如今那些资金最雄厚、最受追捧的科技平台，不正是以榨取用户价值而非服务用户为宗旨吗？我们最受推崇的科技领袖依赖反竞争策略来把我们困在他们的牢笼中，而不是帮助我们中更多的人得到生命中最需要的东西，以实现幸福和繁荣，赢得我们的忠诚和敬意。

亚里士多德认为机械技艺可鄙，但并非因为它是一门身体技能。毕竟，柏拉图和亚里士多德都褒扬体育和军事战斗，视之为精英事业。他认为它可鄙是因为从根本上说，技术跟服务和关怀他人的角色密不可分。技艺（*technê*），即精通机械艺术，最初是一种能力，它可以满足一个家庭或公众的需求。作为一种专业形式，它最初在家庭中产生，跟妇女的家庭劳动不可分割。它被那些同样在为他人最深切的需求提供创造性且娴熟的服务中，找到满足感与人生意义的人，带出了家门。

在他1999年的《依赖性的理性动物：为什么人类需要德性》一书中，哲学家阿拉斯代尔·麦金泰尔（Alasdair MacIntyre）批判了对他影响至深的哲学家——亚里士多德，后者将人类共有的脆弱性与依赖性这一根本生存境况，错误地视为品格缺陷。麦金泰尔指出，亚里士多德的政治哲学推崇个人富足与权势的美德，而非相互关怀，这种思想根源在于对“智慧”本质的深刻误解。

在我们的政治学中，这种历史曲解的后果日益显现。其中的一个后果就是我们越来越被我们的制度和话语体系带离技术最初的道德根基——相互照料和服务。如年轻一代所言，我们几个世纪都在“瞎胡闹”，现在我们进入了“自食其果”的时代。技术工艺与关怀服务等道德德性割裂阻碍了我们构建生存必需的新型技术文化图景。唯有基于人类共同脆弱性、相互依存性与责任伦理的愿景，才可能指引我们挣脱旧锚，驶向社会与环境可持续发展的新未来。可悲的是，我们仍紧抱着那些陈腐的价值等级制度——正是这套体系将我们推向毁灭边缘。当前AI之镜的导向设计及其建造目的，不过是让我们更紧攥着自毁的工具。正如E.M.福斯特在本书开篇所言——我们正被自己织就的衣裳所缠扼。

但在我们还能设想和建造的未来图景中，AI这样的技术将不再是经济生产、剥削和政治统治的确定性引擎。它们或许也能被看成是人类困境中团结精神的具现，甚至爱的实体化的新途径。技术完全可以成为，而且往往已然成为这样的引擎：它不仅能催生战争与财富，更能孕育创造性的玩乐、艺术的表达、对他人的社会关怀、服务与慰藉。如果我们更新对这些德性的赞赏，让它们适应我们的未来，那么AI可能演化为何物？我们又可能蜕变成何种模样？AI是否还存在连慧见女神都无法在其镜中映照的新德性，等待我们去想象与命名？

为了一个可持续的道德愿景，我们需要重塑AI以及更广泛的技术文化。然而在大部分情况下，我们的道德之光照错了方向。我们无法仅靠自我拉扯完成提升。相反，我们需要一项共同的英雄事业——一场从创造性实践智慧中获得灵感的集体的自我建造运动。我们用这智慧共同去探索更新与拓展更优技术伦理可能性的路径。在这些可能性中蕴藏着我们最好的希望，为了最终的、迟到的共同繁荣。

第七章　在镜中，以明

我们现在是借着镜子观看，模糊不清，到那时，就要面对面观看了。我现在所认识的，只是局部的，那时我就要全认清了，如同我全被认清一样。

——《哥林多前书》，13：12

前文讲述了一个关于由代码构建的巨型镜子的故事。它们被建造出来吞噬我们的语词、决定、艺术，以及对爱和关怀的表达，然后又将其映射返回给我们。这些镜子对思考、感受这类生活经验的了解，跟卧室里的镜子对我们内在痛苦和疼痛的了解程度差不多。但 AI 之镜做到了卧室镜子做不到的事情：它们储存、汇集从我们身上捕捉到的一切，分析其主要模式，用新的语词、图像和行动复活从中得到的那些生活形态。这情形，就像我们转身离开后，卧室镜中的映像仍在兀自运动并变换姿态。

以这样的把戏愚弄我们，让我们以为那儿肯定还有第二个人，另一个身体，在镜子那侧某个神秘的维度里跳舞——比如那喀索斯的“俊美少年”。我们在第一章中已经看到，一面镜子中的映像，不管它动还是不动，都不是一个身体。它缺少身体的重量、深度、温度、张力、颤抖、气息和力量。同样地，一个心智的镜中映像不是心智，哪怕它是从众多心智的映射中推导出的。但机器的镜像投射幻觉的力量比玻璃的高出数个量级，而且还在不断增强。实际上，要看出我们自己和我们的映像之间的区别，在很多语境下已经变得几乎不可能。对人类而言，这是AI之镜更深层的存在性危机。因为生而为人本就是一场终其一生的斗争，要知道你是谁，你是什么。

这场斗争是存在主义哲学的根源。它是人之存在日复一日的挑战，这存在始终是未完成的、未确定的。每时每刻，我们必须选择以某种特定的方式存在，这就是生命。即使我们做出了选择——去爱另一个人、承担一种责任、从事某项事业、谴责某种信仰或投身其中——这个选择仍然敞开。如果我们不奋力于一次又一次地一再选择它，它自己是不会驻留的。这就是奥尔特加与其他存在主义思想家在我们这一物种身上看到的全部真相，我们共同的负担：人这种动物不得不日复一日、经年地选择自己、造就自己、毁灭和重构自己。

我们可以怀有糟糕的信念，以此过活。我们绝大多数人的确大部分时间都是如此。我们告诉自己，我们只做我们不得不做的事情。一天结束时，我们告诉自己，我们别无选择。生活太艰难。不要想太多。选择是错觉。自由是幻想。想象是孩子的事情。我们就是我们所是。生活就是它的所是。或者，“活生生的人与数学化的下一词元生成器之间，到底有多大的区别呢？”AI 系统对人类的威胁实际上是存在意义上的。这不过是一种与当下那些贩卖“AI 末日论”的商人所兜售的截然不同的存在方式罢了。我们在第一章曾谈到，AI 带来的最大的危险不是我们这一物种的存活，而是我们对永久自由和责任的自我理解。最可能的存在性威胁不是种族灭绝机器这样的压迫者，而是人类超越种族屠杀和压迫的道德自信与雄心的瓦解。

虽然 AI 之镜不是那种会崛起并奴役我们或灭绝我们的人造物，但它们能够搞砸很多事情。不过在科幻世界之外，若没有人类推手，它们做不到。AI 驱动的灾难只会发生在这些人身上：他们放弃自己的道德责任，任由工具带着难以预料的、越来越自主的能力，进入未被监督和管制的世界。这些能力跟我们至关重要的基建，以及已然不稳的政治价值和经济价值系统相连。实际的、非虚构的、非 AGI 类型的 AI 安全是一个真实的挑战，它会变得更难管理。但我们能极大地降低风险，只要我们有道德和政治的意志去掌控 AI 系统。或者更准确地说，有意志去管理建造和使用 AI 的人和公司。

如何去做是另一本书的主题。幸运的是，我不用写这本书。关于如何更有责任地建造、使用、利用和控制 AI，已经有丰硕的学术和行业知识成果，涵盖更公平和无私的数据所有权和管理制度，以及 AI 安全、健全、透明和公平的社会技术新标准。具体包括伦理风险的模型测试和文档化技术，独立算法审计、争议仲裁和救济制度，明确 AI 致害的法律问责体系，建设全球 AI 风险监测中心。最主要的是，落实唾手可得的保障措施，确保现有法律保护与人权体系免遭 AI 系统侵蚀。

我们还需要用更大胆的方式管理 AI 系统，不仅仅寻求减轻它们现有的危害，还要将它们的权力重新导向新的、更好的目的。关于技术是为了什么，我们需要一种新的集体共识。现在，没有什么比我们对可持续社会和经济的迫切需求更加紧迫。本章最后一部分提出了一个设想：若将人工智能系统用于这些目标，它们可能呈现出怎样的面貌。但是，除非我们先改变目前 AI 生态系统的经济激励，否则这种重新定向不会发生。经济激励只跟短期利润一致，跟可持续的人类未来水火不容。AI 不会摧毁我们所有人，但自由放任资本主义那千疮百孔的末期阶段倒是有可能——如果我们不集中意志力去治疗它，或者把它从这悲惨境地中解救出来的话。关于什么被认作是今天的“自由市场”系统，我们必须诚实。它在过去几十年由于缺少管制和反竞争实践，已经相当腐败。这些做法连亚当·斯密本人恐怕也不会认可。

这个体系部分包含了一种关于监管与创新的有害论调，这种论调极大地放大了人工智能带来的风险。问题不在于我们不知道如何治理危险的技术。我们是知道的，问题在于我们放弃了这么去做的政治意志。这在很大程度上是因为我们认可“监管是创新的敌人”这一说辞。我们明白这是错的，因为历史告诉我们它是错的。一个世纪前，汽车曾造成触目惊心的伤亡数字，把城市街道搅得混乱不堪。随后，许多国家的监管机构推动形成了成熟的安全工程文化与负责任的汽车制造体系，同时建立了驾驶员驾照考取制度、保险机制、交通安全法规，以及其他相关治理架构。这些举措虽未让汽车完全安全，却至少使其安全了许多。

航空与航天工业也经历了同样的转变。20 世纪 60 年代，商用喷气客机每月都会有一两架从空中坠落，几乎成了常态。如今，尽管天空比以前拥挤得多，但依托负责任的安全工程文化与监管体系，这种事故已成为不可想象的灾难。我们也可以回溯到 19 世纪：当时的蒸汽船锅炉堪称“不透明、难控制且爆炸风险不可预测”的技术，正是这一技术催生了全新的检测与许可制度，也促成了美国首个联邦监管机构——蒸汽船检查局（Steamboat Inspection Service）的成立。[1] 短短数十年后，乘坐蒸汽船出行已不再是“身体零件被炸得横飞两岸”的冒险赌博。

想象一下，如果那些握有治理权力的人忽视了对被服务者的照护之责，时至今日，我们周围还有数百万辆汽车在横冲直撞，开进孩子的游乐场；随意地停在马路中间，挡住消防车、救护车的通道；时不时还会把人的头撞飞、四肢撞断。再想象，当活动人士对这种明显难以为继的状况提出抗议时，却被告知，“我们不能监管汽车——它会扼杀创新”。或者想象一下同样一套说辞被用在每周失事的飞机上，或者用在未受检视的、不安全的手术设备上，或者用在有可能在你洗衣服时让你的房子着火的家电上。

你根本无法想象那样的世界，因为在那里，人类只是为一台盲目狂奔的技术引擎充当燃料。创新并不是生来就好的或者高贵的。唯有当其服务于值得的目的时，才配得上赞誉。毫无必要地夺人性命的技术，要做得更新、更快、更复杂，其实并不难。任何有钱的蠢人都办得到！想一想海洋之门（OceanGate）的 CEO，他在 2023 年带着四个富豪乘客坐着“泰坦”号潜水艇开启了前往泰坦尼克号残骸的单程之旅。

只因他认为业内的安全标准“纯属浪费”，是“扼杀创新”的借口。或者考虑一下这个真实的风险：我们因环境疏忽而极有可能迅速“创新”出一条通往地球毁灭甚至人类灭绝的道路。今天的科技行业，尤其是AI行业的领袖们喋喋不休地讨论创新和变革，但几乎绝口不提“进步”，这是有原因的。因为“进步”是一个规范标准，它需要一个价值判断。要证明进步，需要可衡量的证据，证明它改善了我们生活的品质或社会状况。创新是一个非规范的参照标准，它不要求品质、价值或改善的证据。用它来代表我们对技术，尤其是AI的期待，实在是极其糟糕的替代品。

在美英等所谓的技术先进国家——这些构建并大规模部署了21世纪最大创新引擎与“颠覆性变革”推动力的国度，我们目睹了怎样的图景？我们看到的是：死亡率攀升、预期寿命与公共卫生水平下滑、政治极化与功能失调加剧、民主规范与理想衰微、经济不平等扩大、社会流动性持续降低。这就是所谓的“进步”吗？对多数掌权者而言，若想保住领导地位或赢得连任，就必须证明自己在职权范围内改善了现状。可我们何时要求过谷歌DeepMind、脸书、X（推特）、微软或OpenAI提供此类证明？这些科技巨头凭借权力壁垒规避了问责——正如兰登·温纳所言：“技术创新和政治寡头乃孪生兄弟。”[2]

但AI的危险与机遇恰在此处并存。其危险在于延续21世纪数字化浪潮的两大破坏性趋势：其一，财富与权力以前所未有的规模向极少数人集中——尤其是当今构建与销售AI技术的既得利益集团；其二（也是本书核心议题），这种趋势更为致命——因其更具隐蔽性且难以量化，更因其本质上是第一条趋势的延续。它正逐渐侵蚀人类对自身及彼此道德与政治能力的信心。未来数年，我们将反复听到同一论调：人类比AI之镜更迟缓、更脆弱、更不可靠、更偏执、更非理性、更无能，更少价值。

我们已经听到了这首歌的前奏，但除非我们要求变换曲调，不然随着这些镜子作为生产力引擎（当然，实际上是我们被要求成为的东西）日益庞大强悍，它将会变成震耳欲聋的噪声。一旦我们对自己有“优于镜子的能力”这点彻底失去信心，一旦我们终于被说服人类不过是有瑕疵的、过时的机器，对这种镜子的使用就会重蹈社交媒体算法的覆辙——以娱乐、陪伴和知心顾问为伪装，设计出来俘获我们的注意力，挑起我们的愤怒、恐惧和分裂，阻止我们相信自己或他人是比我们的“算法奴仆”更好的东西。而这本质上，不过是沦为AI建造者与获利者的奴仆。

在这样的未来，我们阅读机器写就的诗篇、歌曲和小说，它们胜在浮于表面的字词堆砌，内在却空洞无言。我们从人造聊天机器人那里获得精神上的健康“关怀”，可它对怀疑或绝望一无所知。我们从一个无法自愿拒绝我们、否认我们或选择我们的伴侣那里接受“爱”。我们凝视一台设备生产的艺术。而它从来没有为美失魂落魄过，也从未在崇高面前战栗。我们甚至无法辨识做这些事的是人还是机器。在这样的未来，比起今日，或将有更多人沦为“数据苦力”，为喂养 AI 之镜而赚取微薄计件工资——我们标注着所谓“真实世界”的标签，却已被剥夺了塑造现实的话语权。相反，政治由那些系统决定。它们高效的预测和优化政策把过去和现在的主导模式强行推进我们的未来，推进我们已经写就的故事、已经开始的战争、已经实行的不公正。这是一种奇特的创新，它让我们的过去吞噬未来。

我已经说过，在这幅黑暗景象里暗藏机遇。我们实际上是一种生物机器，所有生命都如此。但我们是极少数能自我建造的机器。我们每一天都在选择保持不变，或是改变。在我们的生命中、我们的社会里，我们偶尔会采取被尼克·凯夫称之为“自我谋杀”的那种想象和表达行为。那不是自杀行为，而是它的反面。并非自杀式地拒绝生命，彻底放弃它创造新意义的力量；相反，我们有时会拥抱那种力量，把我们自己抛给它。我们把自己和社会造成前所未有的样子，给世界带来需要被生命测试和重新选择或不再选择的新价值、新良善。也许并非只有我们这种“机器”会这样做，但已知的只有我们。

我们的技术并不反对或否认这种自由。它们本身是自由的表达。人的本性并不与人造物对立——人造的彰显了我们开放的本质，并将其具体化。我们用编织进万物的观念和价值重塑了自我与人造世界：犁和斧、钱币和笔、轮子和印刷机、火药和青霉素、电路和晶体管。技术是自我建造的引擎。然而，我们有时会将这些引擎反噬向赋予其可能性的自由本身。当滥用自我建造的力量时，我们便是在摧毁与矮化彼此。当我们合理地使用它们时，我们则能拓展自由的边界并为共情赋能。绝大多数时候，结果是两者的融合。虽然我们总能选择拒绝劣质的人造物及其破坏性用途，但我们无法在拒绝技术的同时不否定自身存在。

AI 技术的某些配置和用途应当予以抵制。我们应该否决那些不公正和不负责任地危害、致贫、削弱我们及我们共同体的设计和应用。对那些最无权为自己塑造这些工具的群体来说尤其如此。但作为技术类别的 AI 仍然可以成为对人类自我建造有价值的引擎，不仅因为许多传统 AI 应用本就与“镜像”功能迥异。连我们的 AI 之镜也能成为自我启发和自我建造的工具。即便它们不能解放或关心我们，但我们仍能用它们去解放和关心我们自己和他人。

技术不是中立的，但它们是可塑的。由我们当下经济秩序的主要激励方式、目标、价值和德性驱动的 AI 之镜会充当牵引波，把我们更深地拽进死路一条的过去。如果我们能掉转它们的方向，让它们将我们带进一个可持续的、充满人文关怀的未来，那该多好。但镜子无法知道我们应该维系什么，也不知道哪一种未来是值得被称为人道的。我们必须自主设定这些目标，将强大的 AI 引擎与之紧密耦合，并且确保驾驶席始终由我们的共同体掌控。我们也需要努力协调这些引擎在不同部门、国家和大洲之间的运作和方向。只有如此，脆弱的、相互依赖的人类家庭才能在民主标准和正义考量下指引我们安全地到达那个未来，不管这一指引多么不完美、不一致。就像厄休拉·勒古恩说的，为了人类自由和正义的斗争永远是“无休止的战争”。

要开始这场斗争，我们目前感觉没什么希望，部分原因在于自我遗忘的危机，以及对人的潜能失去了信心。AI 之镜只是助长了这种情形。它也是因为我们长久以来忍受甚至强化了人类道德和技术能力的割裂。我们常将人文主义哲学与政治视为技术官僚主义的备选项；一旦我们接受了这个有害的、错误的命题，这斗争在它还没开始前就终结了。因为这就像一道选择题，在物质驱动世界和由美的理念驱动的世界之间做选择。如果你已经涉世够深，你就能知道世界必须靠物质运转。我不信魔鬼，但我要相信的话，我就会说它最狡诈的诡计不是让世界否认其存在，而是让世界相信物质无法成为真正人道的，美的理念不能真正地被实现。说不定我真的相信魔鬼。或许他的名字叫柏拉图。

古代儒家思想的道德和政治哲学极大地影响了我的第一本书。不是因为我认为儒家思想严格的、不平等的等级制为人类繁荣提供了可行的道路，而是因为那种世界观至少没有因为柏拉图的错误而遭受其害。在经典的儒家思想中，从衣冠到园林，这些人造物都是道德和政治活动的载体，从来如此。事物的精妙设计和巧妙使用，编码并表达了我们对彼此和世界的尊重、感激、关切和爱。若不能如此，事物就丧失了最初的目的，哪怕它们表面上还能继续使用。儒家思想同样没有落入亚里士多德的窠臼。家庭和社群生活中的家庭德性——在给他人提供“必要服务”时体现的慈爱、尊重和关怀，并不位居公民德性之下；实际上，它们正是衡量优秀领导者的核心德性。

没有一个受儒家思想影响的国家在政治中成功地实行过这一哲学，就像没有一个基督教国家成功地体现过福音。我们的理念总是比我们宏大，这也是为什么人类为正义和自由的斗争将是永无止境的战争。但这并不意味着理念没有力量，也不意味着它们无法赋予物质与系统以形态。我们的人文理念与愿景，能够扩展并使我们的器物更加精细化。若没有更精巧疗愈的冲动，就不会有手术刀；若没有更广泛哺育的渴望，就不会有粮仓。

问题是数千年来，我们拥有的力量仅够勉强去治愈和哺育自己和周边的社群。当某些人有力量可以做更多的时候，他们便被强烈的动机驱使，用它来建造更庞大的战争和财富引擎。如今，站在十字路口，人类发现那些曾许诺“少数人帝国、多数人奴役”的强大引擎，正将我们所有人带到了悬崖边缘。没有人想要如此，连有权势者也不想。但我们要想转向别的地方，又感觉无望。我们不能后退，我们不得不去未曾到过的地方。要做到这点，我们必须具有用道德智慧指引人造物的能力，包括我们的“智能”引擎。这在我们听起来就像是用意念和祈祷给导弹指引方向。但那不过是柏拉图错误的回声。它回荡在我们的教育系统，在“硬技能”和“软技能”这种适得其反的话语中，在扭曲的经济激励机制中，更在我们天真信奉跟智慧分离的技术能够解决我们最深层的社会问题的妄念中。

我们当初若能听听孔子的话，情况会好得多；或者，更应该听听技术哲学家汉斯·约纳斯的——他在几十年前就预见了这场危机，并悲叹道：“我们最迫切需要智慧的时候，偏偏最不相信它。”又或者计算机科学家约瑟夫·魏岑鲍姆，第一台 AI 之镜——20 世纪 60 年代中期 ELIZA 聊天机器人——的发明者。十年后，他注意到人的矛盾之处。人类放弃对自身主体性的信念，与此同时选择依赖自己造出的自动机器。[3] 这就像一只被困在一场臆想出的殊死战斗中的猫咪，跟自己的尾巴拼死一搏。只是我们的情况没有这么可爱，反而更危险——我们被困在跟我们自己的机器的臆想战斗中，假装我们无望停止它。听一听这些更智慧的声音，为时不晚。因为用技术打开一个更人性的、更可持续的世界的力量从来都在我们手中。我们还是可以倾听何塞·奥尔特加·伊·加塞特，他说：

> 严格说来，技术不是事物的开端。
>
> 它会调动它的创造力，执行生命给它的任务；它会实现人类的事业——当然是在一定的限度内。
>
> 但它不会准备这项事业；它需要追寻的最终目的来自别处。
>
> 至关重要的（生命）计划是前技术的。
>
> （119）

正是这个写给 AI 的至关重要的（生命）计划是我们尚未完成的，我们急需完成它。现在，每一种商业的 AI 之镜都有它的计划——它最终的目标或目的，计算机科学家称之为它的客观功能。这计划来自复制人类目前已有的、一直就有的智能和价值。它是不可持续的、毁灭性的企图。就算这些工具被设想为对这一模板的提高和改良，其改进方式也只是通过抛弃人性改进我们的经济、艺术和道德表现，直到我们相信它们在赋予人生意义的每个维度都更胜一筹。这不仅是令人震惊的虚无主义，而且显而易见是错的。没有“活过”的镜子不可能会更擅长生活。魏岑鲍姆注意到，对人类问题的认知体现在特定的地点、文化和经验中，它“不能从书本上学到，不能以生命本身之外的任何其他形式被阐释”。[4]

在未来，我们能否创造出超越目标优化与行为镜像的智能系统——它们以恰到好处的方式与环境耦合，开始理解环境、感知环境，并以某种让我们愿意承认其“活着”的方式，体验自身在环境中的存在与延展，与我们共同思考与感受——这仍是悬而未决的科学命题。无论实现这种可能性的架构能否以非生物组件构建，当下我们打造的AI之镜显然尚未具备这些特质。更值得深思的是：创造此类智能体是否符合伦理？作为一种创造性事业，它的诱惑力是很能理解的。但我们已经有太多活着的、有感知力的存在需要去保护和关怀，包括人类自身。我们还应该消耗有限的自然资源去创造另一种生命形式吗？这种生命只会需要开采更多稀土矿物，消耗更多化石燃料与净水，浇铸更多不可生物降解的外壳。相较于将算力与巨额成本投入修复已遭威胁的现存生命系统，上述路径实难自圆其说。

那么AI能是什么，如果它不是AGI（至少还不是），也不是今天的AI之镜？回顾奥尔特加关于重要的“前技术计划”的提问或许会有所启发。在这个世纪，技术必须服务的最终目的是什么？我说过人是一种自我建造的动物；不管我们多么不同，不管我们的价值、旨趣、经历如何多样，我们都必须选择一次次地建造和重塑我们自己。但就像麦金泰尔说的，我们是依赖性的理性动物。我们不是白板一块；我们是一种独特的社会性动物，无法挣脱对彼此的需要，或者挣脱脆弱和依赖。在所有可持续的未来，所有人类社会都需要共同促进某些事物的繁荣。

这些事物中的绝大多数已经得到了很好的表述，虽然不尽完美。所有其他的人类可能性都来自对依赖性理性动物更深层需求的满足。它们可以在国际人权法的基础上，在联合国可持续发展目标的愿景里，在阿玛蒂亚·森（Amartya Sen）和玛莎·努斯鲍姆（Martha Nussbaum）的能力取向理论中，再到其他诸多为“人类共同繁荣”奠定基础的理论尝试里一寻踪迹。这些可能性包括基本的政治和公民自由，维系健康和生存所需的物质条件，从事有意义的工作和创造性游戏的机会，以及对尊重、正义和关怀的社会需求。我们还必须加上与自然世界及其丰富多样的繁荣形态的接触这些必不可少的善。我们有不可推卸的道德义务，不去摧毁这个很可能是宇宙中唯一的其他生命共同体。正如菲利普·K. 迪克所知，若失去活生生的自然，人的品格就会分崩离析。

跟大卫·查尔默斯（David Chalmers）这样的哲学家所给的建议相反，人的良善生活跟世界的肉身须臾不可分离。他在《现实 +》（*Reality+*）一书中催促我们抛开对物质现实的偏见性依恋。我们的需要不能通过退回到从无菌客厅里投射出的虚拟世界来获得满足。在虚拟世界里，我们假装在取之不尽、用之不竭的数字森林里游荡，耳边回响着那些我们懒得去拯救的鸟类与昆虫已然消逝的鸣唱。即使我们的精神能够被这一幻象缓解，它也只能证明我们不值得被宽慰。在一种意义上，我们就会处在一种跟吉恩·罗登伯里在 20 世纪 60 年代所设想的技术计划完全不同的位置。在他的设想里，我们最高尚的雄心或许是探索宇宙，与其他有感知力的存在建立情谊。

从杰夫·贝索斯到埃隆·马斯克这样的技术乌托邦亿万富豪们，他们如今呼吁使用 AI，调用极大的地球资源，去执行前往火星，再到恒星那壮烈的人类使命，把我们的智慧播撒到宇宙。2022 年，曾在 1993 年写过《红火星》的金·斯坦利·罗宾逊，给那样的前景做了一个大胆的评价："如果我们能在地球上创造一个可持续的文明，让所有的地球生命繁荣，那时，也只有那时，火星才会引起我们一丁点儿的兴趣……在我们尚未解决此处的问题之前，火星只是少数逃避现实者转移注意力的东西。它比无用更糟。"[5]《红火星》作为三部曲的第一部，它激励了众多要对火星进行地形改造和殖民的同类构想。然而，就目前的情况来看，星际殖民在物质条件上还无法实现。如果将其置于保护地球环境之上优先考虑，那将是适得其反。

因此，最紧迫的计划就是一场"回归本初"的运动。讽刺的是，这场运动让技术最初的目的恢复原样。还记得亚里士多德曾将那些技术性的技艺斥为一种低下的、用于操持家务和服务他人的活动吗？这或许是西方哲学传统的原罪，相比柏拉图的错误，甚至更糟。技术本始于洞穴、田野与家园，最初是"为他人兴家立业"的技艺，而后才衍生其他。它是疗愈、温暖、供食、防卫和维持一方天地的艺术，哪怕一个人眼中的"世界"也许只延伸到高处的视野所及。那么，在那时，维系生命的"前技术计划"是什么呢？

它的目的是能给生活在不确定、脆弱且危险的地面上的自己和家庭开创一个未来，这个未来需要那些既能依靠你，同时也让你依靠的他人共同实现。技术在世界上的开端，始于一个人的居所和家庭从未被给定、从未被许诺的未来，这未来通过集体对工具的娴熟使用而被建造和小心维护。这些建造和维护给生命的延续提供了“必要的服务”。对世界上的绝大多数人来说，这仍然是一个至关重要的技术计划。只是现代工业国家的行为让技术创新的主导模式与那一计划割裂，并最终走到了它的对立面。

1922 年，美国技术史学家刘易斯·芒福德描述了我们今天仍然赖以为生的科技的原初计划。它不是柏拉图所追求的从流变杂乱的生命中抽离，去寻求理性的雄心，而是对人类共同体生活需求的道德回应 :“埃及的几何学产生自每年勘测尼罗河冲垮的那些河堤的需要……就像迦勒底发展天文学是为了播种粮食需要测定四季的流转。”芒福德哀叹 17 世纪的历史变故，当英国皇家学会宪章固化人文与自然科学之间那灾难性的分裂，它开始腐蚀那一计划。“从此，科学家是一种人，而艺术家是另一种人……它们不再被整合成一个单一人格 ; 实际上从此，艺术和科学的非人化开始了。”[6] 芒福德相信科学和技术有一天必须回归它们服务于生命的本源——这项使命虽由人文艺术艰难延续，却因失去半数工具而奄奄一息。

技术技艺和人文技艺的割裂在某种意义上将我们带回了原点。只不过现在需要这些彼此结合的技艺的，不是我们的亲属家庭和亲属关系领域的未来，而是处于危险中的整个人类家庭的未来和“面包篮子”，跟数不尽的其他生命的濒危未来捆绑在一起。与原初的共同之处到此为止。我们许多的自然资源枯竭而不是等待开发；我们的“家庭”不是一个，而是众多；他们不是被历史和传统整合为一体的，而是被历史与传统分裂开来的。不过我们有更多的可能性由现代科学、技术和人文知识打开，可以帮我们开拓出一条通往未来的道路。AI 是这一自举尝试中至关重要的部分——即便那些 AI 之镜也有其用武之地。

但事实上，我能设想的任何 AI 的应用前景，哪怕最雄心勃勃的构想，都无法替我们拯救世界。这份责任必须由人类自己承担。关于 AI，最关键的认知不在于它将引领我们走向更人道、更可持续的未来，而在于：若不能彻底改变对技术本质的理解——改变我们被灌输的技术用途认知——AI 乃至人类掌握的所有强大技术，终将成为我们手中的累赘，甚至更坏的情况是成为反缚双臂的枷锁。如果我们重构经济政治激励机制，使技术因修复生命、服务生命而受嘉奖，而非因剥削生命、榨取生命而获暴利，AI 与其他技术还能为人类做些什么？更准确地说——我们还能借它们为彼此成就什么？

首先，AI 之镜可以是定位和纠正不公的工具。回想慧见女神，她手持的面向身后的镜子不是要耽于过往，而是要更智慧地前行。记得那个医疗算法吗？它帮助揭示了放射科医生长期以来误读和误诊黑人患者膝盖疼痛症状的事实。当下商业领域少有激励来开发此类 AI，但可以有。医疗是昂贵的；实际上，它是全球政府财政增速最快的支出之一。而当医疗失效时，它尤其昂贵。错误的诊断和延误的治疗不仅引起不必要的疼痛和损失，而且会导致新的并发症、更激进和更昂贵的干预，更多不必要的残疾和死亡。政府和医院若投资于促进医疗公平而非加剧现有不平等的 AI 工具才是明智的。

这一逻辑适用于几乎所有公共机构。设计用来使现有警务和司法实践自动化的 AI 之镜不会让系统变得更公正公平，它们发现不了我们已经忽视的罪行和罪犯。正如鲁哈·本杰明和很多其他研究者阐明的，预测算法中不断强化的种族偏见反馈循环意味着警务自动化只会更糟。但若设计来发掘司法数据中有害不公的模式以供阻断，则另当别论。那些映照过往失败的 AI 之镜，恰恰能为我们标定需要偏离的航向。

虽然倾听直接受害者的证词成本更低也更公正，但 AI 能揭露我们尚未打破的隐蔽链条，掂量那些尚未偿还的道德和政治债务。当 AI 之镜在权力的更高层级揭示系统改革机会时，而非识别和惩罚那些本就承受过度审查与偏见判决的个体过失时，其可靠性将大幅提升。比如，AI 之镜的欺诈侦测有一个更为严峻的记录。虽然它们用来识别白领挪用公款或证券欺诈模式时能帮助金融机构，但在很多国家用于自动化公共福利欺诈侦测时，则惨败收场，摧毁了许多无辜和脆弱的生命，还搞垮了一个政府。

福利欺诈带来的伤害和社会成本在制度性腐败面前相形见绌。后者危害一切，从环境和人权保护，到公共安全和公司公平纳税，再到民主标准。此外，转而侦测腐败的 AI 风险更低，虽然不至于毫无风险。当 AI 之镜瞄准穷人或边缘群体时，它会大规模失灵，经常伴随不可挽回的后果。当镜子用来识别社会强权阶层的腐败和渎职时，反倒会内置更多的保护机制。那些极少数被标注出来作为重点审查对象的人，在这种情况下有更多社会的和经济的资本来对抗不确切的指控，要求透明化，拒绝不当怀疑。机构利用 AI 清理自家门户，尤其是针对高层，相较于其对弱势外部群体施加惩罚或剥夺资源的动机，这激励更不容易被滥用。

人为反腐败制度是必要的，但耗费巨大。何况它们本身就是腐败的主要目标。它使得那些人在巨大的个人和职业风险面前脆弱无比。AI 反腐败系统同样会成为恶意攻击和俘虏的目标，但如果它的设计带有安全和可审计的必要协议，那么恶意入侵就会更容易被侦测。我们永远不能，也不应该把监管机构、合规部门或内务局的反腐职能完全自动化。对自动化决策系统的有效人工管理与监督，仍是不可或缺的标准。然而，借助 AI 工具，反腐工作可以变得更高效、成本更低，并可能为广大公众带来巨大收益。

AI 之镜也能被设计成为凝聚团结的有力工具，为相互帮助搭建网络。想象你正为找到免费咨询而焦头烂额。你想找到一个对海外某所公立大学经济资助文件系统驾轻就熟的人，你的孩子刚被这所学校录取。你在脸书和 Reddit 上发帖求助，但对这种情况似乎没有人了解。而你对当地所使用的语言又不是很擅长，这让你没办法很好地利用当地资源。

现在想象一个由该大学提供的 AI 聊天机器人工具能够识别出十位有类似经历的校友家长，他们有可能能够帮到你。它联系了他们（而无须向你提供他们的私人信息），简要说明了你的困难和需求，邀请几位愿意加入电话会议帮助你的志愿者。然后你和他们通话时，它进行了实时翻译。一小时后，它给你发送了一份对话文字稿，一张清单，上面列着最重要的小贴士和建议。这是它发给其他家长检查之后的版本。想象一下把这一模型复制到世界各地 100 万个其他场景，当人们急切地需要帮助、建议、安慰时，而另一些人恰好有能力并愿意伸出援手。

与其放大人类最容易渴求的东西（自我膨胀、聚光灯、部落归属感，以及“在网上反驳别人”带来的多巴胺快感），AI 之镜完全可以被调校成帮助我们缩小“需求”与“他人可提供的资源或技能”之间差距的工具。一个典型例子就是，新研究产出的速度，与将其转化并总结给政策制定者、从业者和普通大众的速度之间，差距日益扩大。

比如，我们的科学传播仍然做得很差。这方面有一些很厉害的人物，但他们远不足以满足让公众及时知情这一迫切需求。身在学界的人，常常疲于应对那些急需研究成果的领域。从负责任的 AI 开发和量子计算，到地缘政治和全球供应链，再到公众卫生和气候科学，这些领域变化极快、需求极大。当有人需要这些知识来制定好的法律、决定给哪些项目注资，或者采取何种政策立场时，情况就尤为严峻。我们用来与同行专家沟通的技能——他们跟我们一样，投入了数月甚至数年的精力在一项研究上，或者阐述一种新的理论——完全不同于将知识浓缩成政策白皮书或媒体简报所需的技能。培养大批新的科学传播者固然是一种选择，但相较于开展关键研究本身，这种对稀缺公共资金的使用方式并不算审慎。

这是 AI 之镜在未来会有用武之地的领域。目前，像 ChatGPT 这类 AI 之镜能够概括科学观点，但它们的训练过度依赖互联网上的垃圾信息，过于容易编造胡话，因此不够可靠来做这件事。很多政策制定者的确在用它们，但这就让质量把关成了问题。如果你在用这个工具来概括某项研究，但你又不是专家，那你怎么能辨别这一模型在编造些什么呢？何况这些模型还是用过时的内容来进行训练的，它们无法概括几周前发表的某项发现。不过，研究人员正在设法让这类工具成为更可靠的研究转化源；一旦成功，公众知识与循证政策的收益将不可估量。

关于 AI 之镜，人们还抱有诸多更为宏大却更不确定、风险更高的期望。有人宣称，当今的生成式 AI 工具很快将成为免费的全民导师，助力实现全球教育水平与机会的均等化。这让人不禁联想到尼尔·斯蒂芬森 1995 年的著作《钻石年代》中描绘的“启蒙绘本”——这个原本为富豪孙女量身定制、旨在提升其智力自主性的 AI 设备，阴差阳错落入社会底层女孩奈尔手中，彻底释放了她的革命潜能。然而，这个美好愿景需要一系列“机械降神”般的巧合，才能让尖端技术惠及弱势群体。更重要的是，该设备不仅能根据奈尔所处的社会经济环境自适应调整，最关键的是将她与充满爱心的人类看护者（如为绘本配音、扮演母亲角色的演员米兰达）紧密相连。倘若今天要打造这样的设备，其高昂成本注定只有最不需要它的特权阶层才能享有；即便开源免费，其训练数据也根本不会涵盖奈尔这样的孩子。对 AI 导师的憧憬，反而可能让我们忽视那些更易实现、成本更低且更公平的教育平等途径——比如更均衡地分配公立学校资金。

其他 AI 技术乌托邦的愿景许诺我们新的疾病治疗方法和通向充足的清洁能源的道路。像谷歌 DeepMind、Meta、OpenAI 和 Anthropic 这样的 AI 公司都曾宣称，要在药物发现、合成生物学、可再生能源和材料科学等领域实现跨越式发展。它并不全是空头支票。比如 DeepMind 在蛋白质结构预测方面的成功，也帮助科学家找到了新的方法去控制核聚变反应和预测风能输出。[7] 因此，有些人似乎看到了一个新的世纪即将来临，只要 AI 工具突破人类创造力的最后束缚，物质将变得极大丰富。这一愿景里某些部分可能会发生，但 AI 预测则是出了名的愚人游戏。十年前，几乎每个硅谷投资人都预测我们如今都已坐上了无人驾驶汽车，卡车司机和出租车司机都会消失。但没有人预测到，AI 系统最初威胁到的职业是编剧和图形设计师；创造性工作一直被认为是最安全、最不会被自动化的工作。我们也不要忘记，在 2003 年，兜售“硅谷救世主”神话的人也向我们保证，全球数字连接就是一罐“神奇民主酱”。只要往你看中的专制政权上撒点互联网，它就会像撒了盐的蜗牛一样迅速消亡。这个计划后来怎样，大家都看到了吧？

尽管如此，AI 并不非得帮助我们拯救这个世界，才能成为一种具有社会合法性的技术。只要 AI 模型的目的和产出是透明的和可争议的，它们的好处、成本和风险分布是公平的，它们的环境足迹是可辩护的，在可持续的未来就会有 AI 系统的一席之地。但时至今日，这些条件几乎没有一项满足。而改进技术治理体系的任务，正是要重新设定整个创新生态的激励机制，使这些前提真正得以实现。如果我们的领导人继续对这一责任视而不见，或者强大的公司继续颠覆它，AI 运作的社会许可证最终将会被公众收回。因为人们从既定状况的延续中越来越难看到个人的好处，能失去的东西越来越少。结局将是混乱，足以摧毁所有人。当一个权力腐败系统拖着它的蹒跚步伐，直到图穷匕见，改革就“歇菜”了，仅剩的是革命。

让我们希望事情不会走到那一步。不仅因为暴力革命会带来更多的人类苦难，而且因为它至少在近期内跟遏制气候危机的紧急状况、创造可持续的社会经济秩序这类协调一致的、明智的行动毫不相容。近期是我们采取行动的唯一窗口——这个窗口已然在不断缩小。如果我们不开始追问自己“到底想要 AI 做什么”“有或没有 AI，我们想成为什么样的人”，这一窗口就会完全关闭。在这趟旅程里，我们不是乘客，任由 AI 驾驶巴士，希望它带我们去一些好地方。如果驾驶员不是人类，就等于无人掌舵。现在，这巴士并没有朝着什么好地方前进。它在驶向悬崖。

但情况是，我们没有绑在座位上。我们可以抓住方向盘。我们中间有很多人在后排打瞌睡，迷失在技术哲学家兰登·温纳所说的“技术梦游症”里，我们“在重筑人类存在条件的过程中甘于梦游”，[8] 但还有时间醒来。是时候因为紧急情况而集合，铭记我们是自己的舵手（Kubernetes）。这个词出现在诺伯特·维纳的控制论中，影响了 AI 研究的诞生，它意指飞行员或希腊语中的“领航者”。为我们自己掌舵并不是说背弃我们的技术。它意味着收回技术，将其作为人类掌握的工具，用于照料、责任和服务。

它也意味着拒绝正在出现的技术－神正论（techno-theocracy），它由 AI 神学背书。在这种神学里，我们用自己消失的形象孕育了机器诸神。正是这一神学支持了建造“道德机器”的诺言。它想象出的超理性最终会克服人在伦理和政治中的脆弱。正是这一神学许诺把效率、优化、一次性、速度和一致性等工具性价值一劳永逸地刻进我们的制度和每个人中。在他们开发的“人工道德顾问”的倡议里，艾尔伯特·朱比利尼（Alberto Giubilini）和朱利安·萨武列斯库（Julian Savulescu）清醒地意识到，它是以完美的理性、无偏私和全知的“理性观察者”这一哲学概念为原型的，“我们经常无法做出跟我们自身道德目标一致的选择……简言之，我们是次优的信息处理者、道德判断者和道德行动者”。[9] 当你成为一台有瑕疵的机器，你会做什么？找一台更好的。

对“AI 教”的这些新牧师而言，这样的一个机器救世主最终会到来是毫无疑问的（或者，你要是个 AI 末世论者，那就是机器魔鬼的到来），而且他们因为参与过对它的建造或给它打过地基，将会被拯救。[10] 在很多 AI 长期主义者和有效利他主义者圈子里，如果你问“是否”超智能 AGI 会出现，你会顿感一股凉意。唯一可接受的问题是对何时出现的主观估计或“信仰”。1976 年，约瑟夫·魏岑鲍姆把这一不可动摇的信仰描述成“强迫症程序员”的标志，是强迫症赌徒的兄弟。他们会重组整个的信念系统，以确保赌注会赢的主观确定性。

在斯蒂芬·凯夫和坎塔·迪哈尔的《想象 AI》一书中，他们把这种神学的根源定位到一种“加州意识形态”里。该意识形态映照了更早的美国定居者神话。这神话把“西进运动”和对土著土地殖民看作意义重大的人类“二次创造”。与试图替换土著美洲人的生命价值和制度，以昭昭天命的宗教断言为之辩护的意识形态一样，今天的 AI 神学力求用想象的“超人”智能来覆盖人的主动性和潜能。这种智能让我们的智慧变得无足轻重。无数的 AI 科幻追溯了这一构想，它对有些人来说是警告，对另一些人来说是塞壬的呼唤。汉斯·乔纳斯告诉我们，当超人的乌托邦意识形态在世界实现时，人会发生什么：

> 真诚地相信人的现状已经腐化，充其量能被看作即将到来的更好之物的摇篮，那么最激进的手段也可能会成为忠实信徒的选项……简言之，乌托邦信仰如果不只是一个梦的话……将引诱狂热走向冷酷无情……若此，其理想会谴责所有其他状态是人类的无价值部分……它轻视现实仍可实现的改进，否认人类在自身局限范围内尚能创造的价值。[11]

让我们彻底拒绝把 AI 当作神圣领航员、新的超人造物的有害幻想，以为这一造物最终会卸下我们的负担，那是沉重、笨拙地加以运用的道德、政治和智性自由带来的。乔纳斯是对的，虽然乌托邦愿景那振奋人心的力量能创造奇迹，“成熟则不需欺骗就能做到”。[12] 如果我们选择拥抱某些 AI 技术，让我们不把它们当作对我们脆弱人性的超越或挣脱，而把它们当作为了保护脆弱人性而扩展我们自由的工具。这里的 AI 既不是人性的替代品，也不是人性的指导，而是它的盈余。

作为论战，本书只能以“能是什么”的建议收尾，而不能以对“所是”的确认收尾。我们已经成真之物永远也无法复制我们的理想愿景。我们只能创造被我们自身的不完美与脆弱拖累的人造物。但是，关于可能性的愿景却是道德与政治的强心剂，能赋予我们魏岑鲍姆所说的“公民勇气”，共同开始为他人修复、重建这个世界。那是通往可持续未来、唯一至关重要的前技术计划，不论有没有 AI。在这个计划里，AI 有什么作用呢？

一些新的声音可以在科幻小说中听见。这些声音探索着一种新鲜的 AI 伦理观，被想象为对柏拉图和亚里士多德错误的逆转。在这些故事里，AI 是具身化的、有感知的、有知觉的，与我们一起保持神志清醒，肩并肩相伴。这类 AI 超出了我们的技术能力范围，不管 AI 开发者欺骗和利用我们的力量有多大，也不管他们如何利用我们如那喀索斯般渴望在镜中看见另一心灵的欲望。然而，我们能通过“AI 作为有感知力的同伴”这种文学修辞，领会这些当代叙事中闪烁着的更深层价值。一个例子是玛莎·威尔斯的中篇小说系列《杀人机器人日记》。它完成了一项少有作者能做到的壮举：让 AI 变得有趣。它一改 AI 科幻沉重的风格，笔调相当清新。不仅如此，它还有相当深刻和富有启发意义的内核。

杀人机器人是一个有智能的保安机器人，它负责统治、监视和保护。在关掉它自己的统治者模式后，它自由地选择自己的价值，去完成凯夫所说的“自我谋杀”的创造性活动。它发现自己没有支配或控制人的欲望，哪怕是为了人类的利益。它只想自己待着，安安静静地沉溺于它的肥皂剧，远离人的怪异、野心和社会需求。然而，杀人机器人保护人类的能力是它一再选择实行的，此时它已经不再被迫服从。它做的时候纵使有百般的不情愿、勉勉强强，但它还是自由地这样做了，哪怕牺牲掉它自己的舒适和休闲。那一选择贯穿所有的杀人机器人故事。那选择是人类从始至终所能做也的确做到了的自我建造的标志。若不是对我们自己所需公民勇气的一种想象，杀人机器人还能是什么呢？

杀人机器人同样也是一个自然选择疏离的 AI 系统形象。它沉默寡言，仅当人类力不从心时才出手行动。贝基·钱伯斯在她的故事里也探索过类似的主题。在《僧侣与机器人》的中篇小说系列里，机器人在意识到它们跟人类的关系陷入麻烦时，撤回到野外。该系列的第二部《树冠羞避祈祷者》跟随一位温柔的机器人使者莫斯开普（Mosscap）的旅程。它被送回人类世界，来查看人类近况。它有一个同伴，一个饱受存在主义困扰的茶僧德科斯。它们一起沉思“树冠避羞”（crown-shyness）现象：树木得以长高、舒展，恰恰达到其树冠不会阻碍邻近树木汲取阳光、各自生发的程度。

钱伯斯 2016 年的小说《封闭的共同轨道》在描绘一个新近获得身体的 AI 系统洛夫莱斯（Lovelace）时，重申了适度的限制、照料和平衡的德性。洛夫莱斯拼命地在太阳系多姿多彩的生物生命形式之间寻找平衡。她被人类和其他有感知物种的身体社会性征服了。她在给她的人类保护者当学徒时找到了安静的决心。她的保护者是一个为人修理破损物件的工程师。洛夫莱斯还不适应她进出生物空间的新本领。她被建造出来从每一堵墙上的摄像头去看守船员，已经太过习惯通过监视来照料。最后，她和她的生物朋友帮助她造了一个家。在这里，她看守和照料所有物种的人（people of all species）——但只在他们来找她时，双方达成一致后。这里的愿景既坚定又明确地着眼于“家园”，却同样充满力量与自由。洛夫莱斯选择以一种克制的方式与其他存在的生物共享世界，安静地享受为他人修理和营建家园的职业。这同时也是一种公平的环境，没有人能强迫。

AI 被限制、复原、照料和修复的价值驱动的另一个例子来自安·莱基（Ann Leckie）备受赞誉的《雷切帝国》（*Imperial Radch*）太空歌剧三部曲。在第一部《正义号的觉醒》里，我们遇到了布瑞克（Breq），控制太空飞船前 AI 系统的一个碎片。布瑞克现在被困在一个孤独的、茕茕孑立的人类躯壳里，带着自我怀疑穿过整个太阳系，因为过去的失败和曾是一个种族灭绝帝国政权的同谋而自行惭愧。三部曲从头到尾，布瑞克被两种明确的冲动驱使着：第一，去治愈和修复它曾作为其中一员的帝国所犯的过错，或至少阻止其延续；第二，为所有生物的船员造一个安全的家，守护和维系他们脆弱的生命。

我们切勿掉入陷阱，把这些故事看成未来AI系统名副其实的蓝图。这些故事的价值不是在鼓励建造真实的杀人机器人、莫斯开普、洛夫莱斯和布瑞克。它们的价值在于阐述与技术共生的更新的且更可持续的可能性。它们向我们展示了能够塑造AI设计与治理的、更新且更可持续的价值观念。它们告诉我们，我们的机器可以为之服务得更好的目的——至关重要的前技术计划——只要我们整顿集体的意志，去重塑如今编写这些计划的、不可持续的激励体系与腐败制度。这些故事不是因为它们给予我们力量去想象有感知的机器而受到关注或获奖。关于这一点阿西莫夫早就做到了。这些故事引人瞩目在于它们赋予我们一种想象自己挣脱“榨取、支配、优化”计划的力量，这些计划是今天最顶尖的AI技术都为之服务的。它们也描绘了一种可能的回归——复苏更古老却至关重要的前技术计划：修复、照料、维系共同体，只不过这计划现在也落到了其他物种身上，落到了原本并不脆弱的自然世界。

除了提出一套由“克制、修复、关怀、照料”这些长期被忽视、被社会贬抑的价值驱动的AI计划之外，这些愿景还指向一项“康复”计划。这里的康复同时包含它的两个含义：疗愈和找回。这世界迫切需要疗愈——它的海洋河流，它的蓄水层和森林，它的生态系统和气候，还有它的人类共同体和制度。正如严重的伤口愈合会留下疤痕，我们给世界和我们自己造成的创伤也会留下很深的、永久的印记，不管使用什么样的工具都是如此。康复不会把世界带回它曾经的样子。但一个新的康复计划能将世界和我们自身护送进入一个可持续的未来。而 AI 只是该计划众多的表现形式之一。

我说康复也意味着找回失去的事物。AI 结合其他技术可以在找回我们后悔失去的任何事物中发挥作用。失去的栖息地，甚至失去的物种，还有为了未来所需的失去的知识。想想那些已经所剩无几的人们想象和主导的 AI 倡议书。夏威夷土著历史学家诺埃拉尼·阿里斯塔（Noelani Arista）曾提到 AI 工具帮助找回土著语言的能力，尤其在殖民暴力的伤疤让土著已经无法在他们自己的家里、自己的社群里学习自己语言的处境下。她与萨沙·康斯坦萨－乔克（Sasha Costanza-Chock）合著了《反对还原：用机器设计人的未来》（*Against Reduction: Designing a Human Future with Machines*）一书。阿里斯塔指出通过官方教育系统目前的计划，远不足以找回夏威夷语言。当夏威夷语在大学课堂上被学者教授，而不是由学生自己的长辈和领袖言传身教时，夏威夷语的社会意义和地方差别就消失了。[13] 一门丢失的语言将遭受持续的、进一步的暴力，哪怕它出自用意良好的修复企图。

阿里斯塔写道她和其他研究者用新的机器学习技术来促

进复原档案知识的努力。这些知识包含很多丢失的细微差别、语言的多样性。复原这些知识能够让它重返当地共同体的语言学习实践和礼仪。而这些实践和礼仪对该语言共享的意义和精神以及活在这门语言中的知识才是更真实的。这些努力不可避免地充满了不完美、风险、含混和妥协。夏威夷语言的康复不会没有疤痕，AI 的使用可能会增加更多疤痕。但让我们假想阿里斯塔和她同事的努力终于成功了。那将意味着什么？成功会是什么样的呢？

想一想，它不同于技术乌托邦的 AI 景象。在后一种景象里，任由 AI 发展扩充到它能力的边界。诺埃拉尼·阿里斯塔和她的同事所意指的成功则是 AI 有一天会退出。它意味着夏威夷当地的语言学习实践和礼仪将通过这些方法自举恢复，以至于那里将再一次有足够多的土著长者和邻居，能够在他们自己的社群里教授年轻人。AI 作为至关重要的康复工具，或阿里斯塔所称的矫正工具，如果任由它在语言学习环境中发展、统治，就会有越来越多的土著人依赖它。作为修复的工具，仅当它可以离开时，它才是成功的。

这回应了刘易斯·芒福德的构想。他在 1934 年的《技术与文明》中提到，机器的完美“在某种程度上包含它的消失”。[14] 芒福德的构想虽然带有毫不掩饰的乌托邦色彩，但他的确把发达技术看作是那些让自己逐渐过时、隐而不显、谦逊克制，为有机的、人性的生命形式开拓出更多空间的技术，而非将其排挤出局的技术。我们或许会对这种乌托邦式的召唤保持警惕，同时在芒福德的呐喊中找到公民勇气，让我们从梦游中醒来。用他的话说，“提出恰当的社会目标，发明恰当的社会与政治工具，对其发起主动进攻，并最终付诸行动：这是社会智能、社会能量和社会良善意志的新出口”。[15]

几十年后，约瑟夫·魏岑鲍姆在《计算机能力与人类理性》一书中哀叹，我们在放弃那一构想后失去了什么？他的书同我的书一样，都试图重新点燃那束火光，催促我们大胆行动，要有勇气去弥补失去的光阴：

> 战后几十年间，那些因增长与复杂性而日益紧迫、无可回避的问题，本可以作为社会和政治创新的契机。如果彼时开启了这一事业，那么不断加速的、数不清的社会发明就会被我们今天看成是彼时人类困境的自然后果，就像由它激发出的纷至沓来的技术发明一样。
>
> 是啊，计算机“恰逢其时”地出现了。但逢什么时呢？逢时拯救那些本会被激烈革新，或者被应接不暇的诉求压得步履蹒跚的社会政治结构。它恰逢其时地、完好无损地保存了它们，实际上是进一步巩固和稳定了这些社会政治结构。彼时的计算机被用来维护美国既有的

社会与政治制度。

> 它支撑了这些制度，并使其至少暂时免于剧变的巨大压力。对其他社会而言，其影响大体相同……在计算机为人类敞开的诸多社会革新路径中，最具决定意义的一条就是它使得人类得以刻意回避所有关于实质性变革的审慎思考。（31）

魏岑鲍姆的结论是，“如果革命的胜利要由它所导致的社会变革的深刻程度来衡量，那么就不曾有过计算机革命”。[16] 魏岑鲍姆写下这些话的时间是 1976 年，那时互联网时代天真的乌托邦希望尚在萌芽。或许今天我们终于足够成熟，有足够多的智慧来听取他的话语。开启一场计算机革命为时不晚。相比于“乌托邦牧师”们那摧毁性的、在道德上肆无忌惮的、暴怒的革命，这场革命更明智、成熟、坚定和可持续。技术的真身不是一面镜子，而是人类的创造性行为。技术的真正灵魂不是效率，而是慷慨。它是给未来的馈赠。完成必要的服务，让他人能够生存；保卫他们不受伤害；修复和治愈；教育和训练；哺育、滋养和安抚——为了人性化的未来，AI 可以被重塑，被重新构想为实现这些目的的工具，其衡量与价值仅在于它能否被证明服务于这些目的。只要我们选择。只要我们要求。

致 谢

为完成此书，我怀揣着永生难报的恩情。我承蒙父母与祖父纵容，让一个小孩跟他们在饭桌上讨论政治、科学和信仰。我也幸得丈夫丹（Dan）相伴——他教会我体察人心，指引我找到内在的支点，并日复一日地予我支持。我铭记我的启蒙恩师鲍勃·马库斯（Bob Makus），他于懵懂中窥见我灵魂的哲思，还有我最后一位老师理查德·科布–斯蒂文斯（Richard Cobb-Stevens），他耐心教导，将我培育成为一名哲学家。

我还要感谢所有支持本书写作的人，包括贝利·吉福德（Baillie Gifford）——正是他们对爱丁堡大学的慷慨捐赠，使我得以在爱丁堡未来研究所创立"技术道德未来中心"（Centre for Technomoral Futures）。我深深感激中心的杰出同人，尤其是博士后与博士研究生们；他们的学术慷慨与彼此间的关怀，让我求知的热情与对未来的希望始终未曾黯淡。同样感激英国国家科研与创新署“艺术与人文研究委员会”（项目号 AH/X007146/1）、英国“工程与物理科学研究委员会”（项目号 EP/V026607/1 与 EP/W011654/1）以及艾伦·图灵研究所对我的工作给予的无价支持。

我感谢我的研究领域内外那些数不尽的学者和作家，他们促使我在自己的工作中更仔细、更广阔地思考。其中大多是黑人女性。若没有她们，AI 伦理学领域几乎不会存在。她们包括乔伊·波兰维尼（Joy Buolamwini）、萨菲亚·诺布尔（Safiya Noble）、梅瑞狄斯·布鲁萨德（Meredith Broussard）、鲁哈·本杰明（Ruha Benjamin）、蒂姆尼特·格布鲁（Timnit Gebru）、阿贝巴·伯汉（Abeba Birhane）和德波拉·拉吉（Deborah Raji）。我还要向技术哲学共同体的朋友们致意，当我漂泊无依时，他们张开双臂接纳了我。尤其感谢查尔斯·艾斯（Charles Ess）、帕特里克·林（Patrick Lin）和约翰·苏林（John Sullins）。他们最早向我展示，对一个女人来说，哲学并不注定是充满敌意的、孤立的领域——如果你能像我这般幸运的话，就能找到尊重、信任、团结乃至终身无私友谊的避风港。在我整个职业生涯中，我尽己所能去建造和守护给他人的避风港，虽然我经常失败，且难以为之自豪，但我还在努力尝试。

我感谢本书的早期评阅人，他们以冷静的距离感帮助我把书稿打磨到位；他们的慷慨与对作品的热情，也给了我在近五年的写作马拉松最后冲刺所需的全部能量。最后，如果没有我的编辑露丝·兰德尔（Lucy Randall），就没有这本书。当我的语词需要“进港”修理时，她是我的避风港；因为她，这本书终于“出海”了。

注 释

导 论

1. 本书始于 2018 年，当时我在一次题为“AI 之镜的启示”的演讲中首次使用了这个隐喻。此后，当然很可能在此之前，AI 的镜子隐喻已被他人广泛使用，且很可能是各自独立发现的。精妙的隐喻总是容易引起共鸣。

2. 社会学家雪莉·特克尔（Sherry Turkle）2011 年的著作《群体性孤独》（*Alone Together*）已被证明是本世纪对数字文化最具先见之明的批判之一。

3. 价值对齐（value alignment）是一个常被有影响力的计算研究群体使用的术语，这些研究者将 AI 安全视为当务之急，并常常预言人类水平 AI（AGI 或“通用人工智能”），甚至具有潜在破坏性或恶意“超人类”能力的 AI 即将出现。参见 Russell（2019）。

4. 与其他 20 世纪存在主义思想家一样，何塞·奥尔特加·伊·加塞特（José Ortega y Gasset）在其 1939 年的文章《对技术的沉思》（*Meditación de la Técnica*，1962 年以英文名 *Man the Technician* 出版）中表达了他对人类自由与责任的信念。这一信念源于存在主义的哲学观：人类的终极本性或本质并非由上帝、生物学或历史预先决定，而始终是人类选择的任务。

5. 参见 Verbeek（2005；2011）。

第一章　AI 之镜

1. 亨里克·斯考格·塞特拉（Henrik Skaug Sætra，2022）是这少数研究者中的一位，他运用镜子这一隐喻来探讨“机器人形变”（robotomorphy）现象：即人类在机器人身上看到自身镜像的能力。尽管我在本书中关注的是机器学习模型而非机器人的镜像能力，但塞特拉和我都深切担忧机器之镜可能成为衡量我们自身人性的基准，从而贬低那些在镜像中未被反映出来的人类个性维度与能力。

2. 关于自动装置早期历史的详尽探讨，参见 Mayor（2018）。如同人工智能（AI）一样，自动装置也曾引发争议，包括对其哪些是完全机械构造、哪些涉及隐藏人类操作者欺骗的疑问。

3. 玛丽·希克斯（Mar Hicks，2018）引人入胜地揭示了女性“计算机员”（computers）如何同时被机器和男性所取代。男性将计算工作从一个地位低下、主要由女性担任且默默无闻的职业，转变为报酬丰厚、男性主导，并被社会誉为人类认知劳动巅峰的行业。

4. Yiwen Lu, “Cruise Agrees to Reduce Driverless Car Fleet in San Francisco after Crash,” *The New York Times*, August 18, 2023.

5. Michio Kaku, “Behold the Most Complicated Object in the Universe,” interview by Leonard Lopate. *The Leonard Lopate Show*, WNYC, February 25, 2014.

6. 这种将智能视为与世界进行具身的“熟练应对”（skillful coping）的观点，由休伯特·德雷福斯（Hubert Dreyfus）在其多部著作中得到了更充分的阐述；尤其参见 Dreyfus（2016）。

7. Oana Stone, “AlphaFold Predicts Structure of Almost Every Catalogued Protein Known to Science,” European Bioinformatics Institute, July 28, 2022.

8. Alex Hughes, “AI: Why the Next Call from Your Family Could be a Deepfake Scammer,” BBC Science Focus, August 26, 2023.

9. 参见 LeCun（2022）。

10. 参见 Marcus（2023）。

11. 这种前景通常被框定为关于“扩展法则”（scaling laws）是否存在的争论，该法则将保证这种加速进步；关于此假设的概述与批评，参见 Diaz and Madaio（2023）。

12. 参见 Wang，Yue and Sun（2023）。

第二章　心智、机器与诸神

1. Chloe Xiang, "'He Would Still Be Here': Man Dies by Suicide after Talking with AI Chatbot, Widow Says," *Motherboard: Tech by Vice*. March 30, 2023. 该事件最初由比利时媒体《自由报》（*La Libre*）报道。

2. 当然，其他类型的心智具身化方式有所不同。例如，头足类动物（如章鱼）可能在它们独立的腕足中拥有更强的局部“心智”，这些局部心智仅由一个中心智力非常松散地协调。彼得·戈弗雷-史密斯（Peter Godfrey-Smith）的著作《他类心智》（*Other Minds*，2016）对头足类智能的独特性及其与它们独特环境和形态的关系进行了引人入胜的思考。

3. 参见，例如 Landgrebe and Smith（2022）以及 Chirimuuta（2024）。

4. 通过具身化的世界互动进行学习的机器人，或许更有可能获得某种类似心智的东西，尽管机器人意识在当前的工程视野中尚不可见。这样的心智不会是孤立的计算机程序，而是像我们一样，与它们特定的具身形式密不可分。

5. Jeffrey Dastin, "Amazon Scraps Secret AI Recruiting Tool that Showed Bias Against Women," *Reuters*. October 11, 2018.

6. 参见 Obermeyer et al.（2019）。

7. Wilfred Chan, "The AI Startup Erasing Call Center Worker Accents: Is It Fighting Bias—or Perpetuating It?" *The Guardian*. August 23, 2022.

8. 参见 Benjamin（2019）。

9. 参见 Bowker and Star（1999）的导论部分。

10. Pranshu Verma and Will Oremus, "ChatGPT Invented a Sexual Harassment Scandal and Named a Real Law Prof as the Accused," *The Washington Post*, April 5, 2023.

11. 参见 Kabir et al.（2023）。

12. OpenAI. "DALL · E 2 Preview—Risks and Limitations," April 11, 2022 (accessed September 7, 2023).

13. James Vincent, "The AI Oracle of Delphi Uses the Problems of Reddit to Offer Dubious Moral Advice," *The Verge*. October 20, 2021.

14. Gary Marcus, "The Dark Risk of Large Language Models," *Wired*, December 29, 2022.

15. 参见 Birhane（2021）。

16. 胡塞尔创立了现象学这一哲学领域，其方法优先关注生活经验。我早期的研究（Vallor 2009）探讨了胡塞尔现象学对我们理解科学证据的启示。

17. Levinas (1969), 213.

18. Levinas (1969), 302.

19. 胡塞尔的另一位学生马丁·海德格尔（Martin Heidegger）观察到现代技术与我们视自身及他人为资源（Bestand，或“持存物”）这种观点之间的联系：即作为可被安排和利用的“持存物”（standing reserve）。他的著作对二十世纪末的技术哲学和伦理学产生了巨大影响，尽管由于人们日益认识到其根深蒂固的反犹主义以及与纳粹政权的自愿同谋关系，其影响力在当今已大为减弱。参见马丁·海德格尔，《技术的追问及其他论文》（*The Question Concerning Technology and Other Essays*），威廉·洛维特（William Lovitt）译（纽约：Harper & Row 出版社，1977 年）。

第三章　镜中世界

1. 因为想象力本身并非天生道德甚至明智，它在某些人身上可能成为有害的特质；例如，当被聪明的罪犯所利用时。因此，其作为一种德性的地位是出了名的模糊。

2. 斯蒂芬·凯夫（Stephen Cave）和坎塔·迪哈尔（Kanta Dihal）的著作《想象 AI》（*Imagining AI*，2023）对全球范围内此类叙事主题的历史起源及差异进行了丰富的考察。

3. 虚构的理想乡哲学家的话语借用了巴特勒（Butler）本人先前的非虚构作品，尤其是他 1863 年的文章《机器中的达尔文》。

4. Butler (1872), 199.

5. 参见 Birhane and Van Dijk（2020）。

6. 参见 Mohamed et al.（2020）。

7. Katie Booth, "What I Learned about Disability and Infanticide from Peter Singer," *Aeon*, January 10, 2018.

8. "闭嘴并计算"（shut up and multiply）原则已由埃利泽·尤德考斯基在其博客 *LessWrong* 上多次辩护，现已被许多长期主义者在涉及遥远未来人类（包括假设的数字心智）的存在性风险（existential risks）的语境中所援引。关于其在"折磨一个人 50 年"和"让极大量的人眼中进一粒灰尘"之间做出选择的早期讨论，参见埃利泽·尤德科夫斯基，《循环利他主义》，*LessWrong*，2008 年 1 月 22 日。

9. Émile P. Torres, "Understanding 'longtermism': Why This Suddenly Influential Philosophy Is So Toxic," *Salon*, August 20, 2022.

10. 关于长期主义者威廉·麦卡斯基尔（William MacAskill）对“令人厌恶的结论”（该术语最初由哲学家德里克·帕菲特于 1984 年提出）立场的评论，参见基兰·塞蒂亚（Kieran Setiya），《新道德数学》，*Boston Review*，2022 年 8 月 15 日。

11. Gideon Lewis-Kraus, “The Reluctant Prophet of Effective Altruism,” *The New Yorker*, August 8, 2022.

12. Paris Marx, “Elon Musk’s Useful Philosopher,” *The New Statesman*, November 14, 2022.

13. Toby Ord, “Academic Bio at Future of Humanity Institute,” University of Oxford, accessed September 7, 2023.

14. Jacob Barrett and Andreas T. Schmidt, “Longtermist Political Philosophy: An Agenda for Future Research (GPI Working Paper No. 15-2022),” Global Priorities Institute, September 2022.

15. 在 2022 年接受 Vox 采访时，麦卡斯基尔被问及为何该段落在论文的 2021 年版本中被删除。他给出的唯一理由是这段话可能会“误导”读者，而非他拒绝该观点。Sigal Samuel, “Effective Altruism’s Most Controversial Idea,” *Vox: Future Perfect*, September. 6, 2022.

16. 参见托比·奥德（Toby Ord），《悬崖：存在性风险与人类的未来》（*The Precipice: Existential Risk and the Future of*

Humanity）（纽约：Hachette 出版社，2020 年）。

17. Wiener (1961), 175–6.

18. Brynjolfsson (2022), 277.

19. Ibid.

20. Brynjolfsson (2022), 278.

21. Winner (1977), 226. 另见 Sullins（2013）。

22. 参见 Levy（2023）。

23. John Hendel, "Crisis Text Line Ends Data-Sharing Relationship with For-Profit Spinoff," Politico, January 31, 2022.

24. Robert Wiblin, Arden Koehler, and Keiran Harris, "Toby Ord on The Precipice and Humanity's Potential Futures," *80000 Hours*. March 7, 2020.

25. Ashley Cullins and Katie Kilkenny, "As Writers Strike, AI Could Covertly Cross the Picket Line," *The Hollywood Reporter*, May 3, 2023.

第四章　文明人的思考

1. Whitehead (1911), 34.

2. Ibid.

3. 你可能会认为"机器人牧师"（robot priest）将考验人类对 AI 之镜的容忍极限，这些镜子鹦鹉学舌般地重复人类对意义和超越的追求，但它们确实存在；然而，其可信度仍然存疑。Joshua Conrad Jackson and Kai Chi Yam, "The In-Credible Robot Priest and the Limits of Robot Workers," *Scientific American*, July 25, 2023.

4. 参见 Sellars（1956），第 36 节。

5. 此例子及本章节改编自我 2021 年发表于 *Noema* 杂志的文章《文明人的思考》。

6. Smith (2011), 161.

7. Josh Dzieza, "AI Is a Lot of Work," The Verge, June 20, 2023. 另见 Gray and Suri（2019）以及 Roberts（2019）。

8. Billy Perrigo, "OpenAI Used Kenyan Workers on Less Than $2 per Hour to Make ChatGPT Less Toxic," *Time*, January 18, 2023.

9. 参见 Vallor（2015）。

10. Jonas (1984), 21.

11. Jessica Riskin, "A Sort of Buzzing Inside My Head," *The New York Review*, June 25, 2023.

12. 参见 Angwin et al.（2016）。

13. 参见 Chouldechova（2016）和 Kleinberg et al.（2016）。

14. Mann and O' Neil (2016).

15. James Vincent, "Automated Hiring Software Is Mistakenly Rejecting Millions of Viable Job Candidates," *The Verge*,

September 6, 2021.

16. Danielle Abril, "Job Applicants are Battling AI Résumé Filters With a Hack," *Washington Post*, July 24, 2023.

17. Weizenbaum (1976), 38.

18. 参见 Hartz et al.（2016）。

19. Saetra (2022), 7.

第五章　共情盒

1. 参见 Pierson et al.（2021）。

2. "1675 Children Removed from Parents' Custody in Benefits Scandal," *NL Times*, May 11, 2022.

3. Postman (1992), 71, 118.

4. Postman (1992), 118.

5. António Guterres, "Secretary General's Opening Remarks at Press Briefing on Policy Brief on Information Integrity on Digital Platforms," *United Nations*, June 12, 2023.

6. Adam Minte, "Virtual Romance Is Fueling China's AI Revolution," *Bloomberg*, April 10, 2023.

7. Sangeeta Singh-Kurtz, "The Man of Your Dreams," *The Cut*, March 10, 2023.

8. Samantha Cole, "'It's Hurting Like Hell': AI Companion

Users Are in Crisis, Reporting Sudden Sexual Rejection," *Motherboard: Tech by Vice*, February 15, 2023.

9. Samantha Cole, "'My AI Is Sexually Harassing Me': Replika Users Say the Chatbot Has Gotten Way Too Horny," *Motherboard: Tech by Vice*, January 12, 2023.

10. 参见 Scheutz（2012）。

11. Alicia Chen and Lyric Li, "'Much Less Demanding and More Manageable': Dating Is Back in China, but with an AI Twist," *Independent*, August 22, 2021.

12. 参见 Russell（2019），Gabriel（2020），以及 Hadfield-Mennell et al.（2018）。

13. Annie Brown, "Is Artificial Intelligence Contributing Positively to Parenting? Weighing the Pros and Cons with Angela J. Kim," *Forbes*, August 18, 2021.

14. Carlota Nelson, "Babies Need Humans, Not Screens," UNICEF, accessed September 7, 2023.

15. 参见 Wallach 和 Allen（2009）以及 Wallach 和 Vallor（2020）。

16. Sam Altman, "OpenAI CEO on GPT-4, ChatGPT, and the Future of AI," Interviewed by Lex Fridman. Lex Fridman podcast #367, March 25, 2023.

17. Sam Altman, “The Merge,” personal blog, December 17, 2017.

18. Sian Cain, “‘This Song Sucks’: Nick Cave Responds to ChatGPT Song Written in Style of Nick Cave,” *The Guardian*, January 17, 2023,

19. 参见 Jiang et al.（2023），365–6。

第六章　AI 与自举困境

1. 参见 Danaher and Sætra（2023）。

2. 参见 Gibson and Powys Whyte（2022）。

3. Marshall McLuhan and Quentin Fiore, *The Medium Is the Massage: An Inventory of Effects* (New York: Penguin Books, 2008).

4. Le Guin (2004), 219–20.

5. Mencius (1970), 4A17; also 5A2, 6B2.

6. 参见 Jonas（1984）。

7. 参见 Doctorow（2023）。

8. 参见 Vallor（2022）。

9. 参见 Ali et al.（2023）。

10. Aristotle (1984), *Nicomachean Ethics* 1141a25–b20.

11. Arendt (1977), 193.

12. Plato (1970), *Laws* 846d.

13. Aristotle (1984), *Politics* 1278a2–12.

第七章　在镜中，以明

1. 参见 Vallor and Ganesh（2023），该研究整合了我的合著者及现任博士指导生 Bhargavi Ganesh 关于 AI 治理挑战与蒸汽船监管挑战之间相似性的研究成果。

2. Winner (2020), ix.

3. Weizenbaum (1976), 9.

4. Weizenbaum (1976), 225.

5. Kim Stanley Robinson, "'Mars Is Irrelevant to Us Now: We Should of Course Concentrate on Maintaining the Habitability of the Earth,'" Interview by Klaus Æ. Mogensen, *Farsight*, August 10, 2022.

6. Mumford (1922), 170–4.

7. 作为一项负责任声明，虽然本项目未获得任何行业资助，但我曾于 2018 至 2020 年期间接受 Google/Alphabet 的经济补偿，包括担任 AI 伦理学家和客座研究科学家提供的专家研究与培训服务。

8. Winner (2020), 10.

9. Giubilini and Savulescu (2018), 170.

10. 确实存在这样一个教会，由前谷歌和优步工程师 Anthony Levandowski 于 2015 年创立。Mark Harris, “Inside the First Church of Artificial Intelligence,” *Wired*, November 15, 2017.

11. Jonas (1984), 192.

12. Jonas (1984), 162.

13. 参见 Arista（2022）。

14. Mumford (1934), 428.

15. Mumford (1934), 433.

16. Weizenbaum (1976), 32.

参考文献

Ali, Sanna J., Angèle Christin, Andrew Smart, and Riitta Katila. "Walking the Walk of AI Ethics: Organizational Challenges and the Individualization of Risk among Ethics Entrepreneurs." Paper presented at the 2023 ACM Conference on Fairness, Accountability, and Transparency (FAccT '23), Chicago, IL, USA, June 2023.

Angwin, Julia, Jeff Larson, Surya Mattu, and Lauren Kirchner. "Machine Bias." *ProPublica,* May 23, 2016. https://www.propublica.org/article/machine-bias-risk-assessments-in-criminal-sentencing

Arendt, Hannah. *Between Past and Future: Eight Exercises in Political Thought.* New York: Penguin Books, 1977.

Arista, Noelani. "Maoli Intelligence: Indigenous Data Sovereignty and Futurity." In *Imagining AI: How the World Sees Intelligent Machines,* edited by Stephen Cave and Kanta Dihal, 218–33. Oxford: Oxford University Press, 2022.

Arista, Noelani, and Sasha Costanza-Chock. *Against Reduction: Designing a Human Future with Machines.* Cambridge, MA: MIT Press, 2021.

Aristotle. *The Complete Works of Aristotle: Revised Oxford Translation,* edited by Jonathan Barnes. Princeton: Princeton University Press, 1984.

Asimov, Isaac. "Franchise." Reprinted in *Isaac Asimov: The Complete Stories,* Vol. *1,* 43–56. Broadway Books: New York, 2001.

Bender, Emily M., Timnit Gebru, Angelina McMillan-Major, and Schmargaret Schmitchell. "On the Dangers of Stochastic Parrots: Can Language Models Be Too Big?" Paper presented at the Conference on Fairness, Accountability, and Transparency (FAccT '21), Virtual Event, Canada, March 2021.

Benjamin, Ruha. *Race After Technology: Abolitionist Tools for the New Jim Code.* Cambridge: Polity Press, 2019.

Birhane, Abeba. "The Impossibility of Automating Ambiguity." *Artificial Life* 27 (2021): 44–61.

Birhane, Abeba, and Jelle Van Dijk. "Robot Rights? Let's Talk about Human Welfare Instead." Paper presented at the 2020 AAAI/ACM Conference on AI, Ethics, and Society (AIES'20). New York, February 2020.

Bostrom, Nick. *Superintelligence: Paths, Dangers, Strategies.* New York: Oxford University Press, 2014.

Bowker, Geoffrey, and Susan Leigh Star. *Sorting Things Out: Classification and Its Consequences*. Cambridge, MA: MIT Press, 1999.

Bridle, James. *Ways of Being: Animals, Plants, Machines: The Search for a Planetary Intelligence.* New York: Farrar, Straus and Giroux, 2022.

Brynjolfsson, Erik. "The Turing Trap: The Promise and Peril of Human-Like Intelligence." *Daedalus* 151, no. 2 (2022): 272–87.

Butler, Samuel. *Erewhon*. Mineola, NY: Dover Thrift Editions, 2002.

Butler, Samuel. "Darwin Among the Machines." *Letter to the Editor of* The Press, Christchurch, New Zealand, June 13, 1863.

Cave, Stephen, and Kanta Dihal, eds. *Imagining AI: How the World Sees Intelligent Machines*. Oxford: Oxford University Press, 2022.

Cave, Stephen, and Kanta Dihal. "The Whiteness of AI." *Philosophy and Technology* 33 (2020): 685–703.

Chalmers, David J. *Reality+: Virtual Worlds and the Problems of Philosophy*. New York: W.W. Norton, 2022.

Chambers, Becky. *A Closed and Common Orbit*. London: Hodder and Stoughton, 2016.

Chambers, Becky. *A Prayer for the Crown-Shy*. New York: Tor Books, 2022.

Chirimuuta, Mazviita. *The Brain Abstracted: Simplification in the History and Philosophy of Neuroscience*. Cambridge, MA: MIT Press, 2024.

Chouldecova, Alexandra. "Fair Prediction with Disparate Impact: A Study of Bias in Recidivism Prediction Instruments." *arXiv*, September 24, 2016.

Danaher, John, and Henrik Skaug Sætra. "Mechanisms of Techno-Moral Change: A Taxonomy and Overview." *Ethical Theory and Moral Practice*. 2023. https://link.springer.com/article/10.1007/s10677-023-10397-x

Descartes, René. *Meditations on First Philosophy*. 3rd ed. Translated by Donald A. Cress. Indianapolis: Hackett, 1993.

Diaz, Fernando and Michael Madaio. "Scaling Laws Do Not Scale." *arXiv:2307.03201*, July 5, 2023. https://doi.org/10.48550/arXiv.2307.03201

Dick, Philip K. *Do Androids Dream of Electric Sheep?* London: Orion Books, 1968.

Doctorow, Cory. "The Enshittification of TikTok." *Wired*, January 23, 2023. https://www.wired.com/story/tiktok-platforms-cory-doctorow

Dreyfus, Hubert. *Skillful Coping: Essays on the Phenomenology of Everyday Perception and Action*, edited by Mark A. Wrathall. New York: Oxford University Press, 2016.

Ellul, Jacques. "The Technological Order." *Technology and Culture* 3, no. 4 (1962): 394–421.

Ellul, Jacques. *The Technological Society*. New York: Knopf, 1964.

Forster, E.M. *The Machine Stops*. London: Penguin Classics, 2011.

Frankfurt, Harry. *On Bullshit*. Princeton: Princeton University Press, 2005.

Gabriel, Iason. "Artificial Intelligence, Values, and Alignment." *Minds and Machines* 30 (2020): 411–37.

Gibson, Julia D., and Kyle Powys Whyte. "Science Fiction Futures and (Re)visions of the Anthropocene." In *Oxford Handbook of Philosophy of Technology*, edited by Shannon Vallor, 473–95. New York: Oxford University Press, 2022.

Giubilini, Alberto, and Julian Savulescu. "The Artificial Moral Advisor: The 'Ideal Observer' Meets Artificial Intelligence." *Philosophy and Technology* 31 (2018): 169–88.

Godfrey-Smith, Peter. *Other Minds: The Octopus, The Sea, and the Deep Origins of Consciousness*. New York: Farrar, Straus and Giroux, 2016.

Gould, Stephen Jay. *The Mismeasure of Man*. New York: W.W. Norton. 1981.

Gray, Mary L., and Siddharth Suri. *Ghost Work: How to Stop Silicon Valley from Building a New Global Underclass*. New York: Harper Business, 2019.

Hadfield-Mennell, Dylan, Anca Dragan, Pieter Abbeel, and Stuart Russell. "Cooperative Inverse Reinforcement Learning." Paper presented at the 30th Conference on Neural Information Processing Systems, Barcelona, Spain, 2016.

Hartz, Moritz, Eric Price, and Nathan Srebro. "Equality of Opportunity in Supervised Learning." Paper presented at the 30th Conference on Neural Information Processing Systems, Barcelona, Spain, 2016.

Heinrichs, Bert, and Sebastian Knell. "Aliens in the Space of Reasons? On the Interaction Between Humans and Artificial Intelligent Agents." *Philosophy and Technology* 34 (2021): 1569–80.

Held, Virginia. *The Ethics of Care: Personal, Political and Global*. Oxford: Oxford University Press, 2006.

Hicks, Mar. *Programmed Inequality: How Britain Discarded Women Technologists and Lost Its Edge in Computing*. Cambridge, MA: MIT Press. 2018.

Jiang, Harry, Lauren Brown, Jessica Cheng, Anonymous Artist, Mehtab Khan, Abhishek Gupta, Deja Workman, Alex Hanna, Jonathan Flowers, and Timnit Gebru. "AI Art and Its Impact on Artists." Paper presented at the AAAI/ACM Conference on AI, Ethics and Society (AIES '23), Montréal, QC, Canada, August 2023.

Jonas, Hans. *The Imperative of Responsibility: In Search of an Ethics for the Technological Age*. Chicago: University of Chicago Press, 1984.

Kabir, Samia, David N. Udo-Imeh, Bonan Kou, and Tianyi Zhang. "Who Answers It Better? An In-Depth Analysis of ChatGPT and Stack Overflow Answers to Software Engineering Questions." *arXiv*, v3, August 10, 2023.

Kant, Immanuel. "What Is Enlightenment?" Translated by Ted Humphrey. Indianapolis: Hackett Publishing, 1992.

Kleinberg, Jon, Sendhil Mullainathan, and Manish Raghavan. "Inherent Trade-Offs in the Fair Determination of Risk Scores." *arXiv*, November 17, 2016.

Koopman, Colin. *How We Became Our Data: A Genealogy of the Informational Person*. Chicago: Chicago University Press, 2019.

Landgrebe, Jobst, and Barry Smith. *Why Machines Will Never Rule the World: Artificial Intelligence Without Fear*. New York: Routledge, 2022.

Leckie, Ann. *Ancillary Justice*. London: Orbit Books. 2013.

LeCun, Yann. "A Path Towards Autonomous Machine Intelligence." *OpenReview.net*, June 27, 2022. https://openreview.net/forum?id=BZ5a1r-kVsf

LeCun, Yann, and Jacob Browning. "AI and the Limits of Language." *Noema*, August 23, 2022. https://www.noemamag.com/ai-and-the-limits-of-language

Le Guin, Ursula K. "A War Without End." In *Utopia*, edited by Ursula K. Le Guin and Thomas More, 199–210. London: Verso Books, 2016.

Le Guin, Ursula K. *The Wave in the Mind: Talks and Essays on the Writer, the Reader, and the Imagination*. Boston, MA: Shambhala Publications, 2004.

Levinas, Emmanuel. *Totality and Infinity: An Essay on Exteriority*. Translated by Alphonso Lingis. Pittsburgh: Duquesne University Press, 1969.

Levy, Karen. *Data Driven: Truckers, Technology, and the New Workplace Surveillance*. Princeton: Princeton University Press, 2023.

MacIntyre, Alasdair. *Dependent Rational Animals: Why Human Beings Need the Virtues*. Chicago: Open Court, 1999.

Mann, Gideon, and Cathy O'Neil. "Hiring Algorithms Are Not Neutral." *Harvard Business Review*. December 9, 2016. https://hbr.org/2016/12/hiring-algorithms-are-not-neutral

Marcus, Gary. "GPT-5 and Irrational Exuberance." 2023. https://garymarcus.substack.com/p/gpt-5-and-irrational-exuberance

Mayor, Adrienne. *Gods and Robots: Myths, Machines, and Ancient Dreams of Technology*. Princeton: Princeton University Press, 2018.

McDowell, John. *Mind and World*. Cambridge, MA: Harvard University Press, 1999.

Mencius. *Mencius*. Translated by D.C. Lau, New York: Penguin, 1970.

Mohamed, Shakir, Marie-Therese Png, and William Isaac. "Decolonial AI: Decolonial Theory as Sociotechnical Foresight in Artificial Intelligence." *Philosophy of Technology* 33 (2020): 659–84.

Mumford, Lewis. *Technics and Civilization*. Chicago: University of Chicago Press, 2010.

Mumford, Lewis. *The Story of Utopias*. London: Azafran Books, 2017.

Noble, Safiya. *Algorithms of Oppression: How Search Engines Reinforce Racism*. New York: NYU Press, 2018.

Obermeyer, Ziad, Brian Powers, Christine Vogeli, and Sendhil Mullainathan. "Dissecting Racial Bias in an Algorithm used to Manage the Health of Populations." *Science* 366: no. 6464 (2019): 447–53.

Ortega y Gasset, José. "Man the Technician." In *History as a System and Other Essays Toward a Philosophy of History*, 87–161. Translated by Helene Weyl. New York: W.W. Norton and Company, 1961.

Ovid. *Metamorphoses: A New Verse Translation*. Translated by David Raeburn. London: Penguin Books, 2004.

Pasquale, Frank. *The Black Box Society: The Secret Algorithms that Control Money and Information*. Cambridge, MA: Harvard University Press, 2015.

Pierson, E., Cutler, D.M., Leskovec, J. et al. "An Algorithmic Approach to Reducing Unexplained Pain Disparities in Underserved Populations." *Nature Medicine* 27 (2021): 136–40.

Plath, Sylvia. "Mirror." Reprinted in *Crossing the Water*. New York: Harper and Row, 1971.

Plato, *The Laws*. Translated by Trevor J. Saunders. London: Penguin Books, 1970.

Popper, Karl. *The Open Society and Its Enemies*. New York: Routledge, 2002.

Postman, Neil. *Technopoly: The Surrender of Culture to Technology*. New York: Knopf, 1992.

Roberts, Sarah T. *Behind the Screen: Content Moderation in the Shadows of Social Media*. New Haven, CT: Yale University Press, 2019.

Robinson, Kim Stanley. *The Ministry for the Future*. London: Orbit Books, 2020.

Russell, Stuart J. *Human Compatible: Artificial Intelligence and the Problem of Control*. New York: Viking, 2019.

Sætra, Henrik Skaug. "Robotomorphy: Becoming Our Creations." *AI and Ethics* 2 (2022), 5–13.

Scheutz, Matthias. "The Inherent Dangers of Unidirectional Emotional Bonds Between Humans and Social Robots." In *Robot Ethics*, edited by Patrick Lin, Keith Abney, and George Bekey, 205–22. Cambridge, MA: MIT Press, 2012.

Sellars, Wilfrid. *Empiricism and the Philosophy of Mind*, edited by Robert Brandom. Cambridge, MA: Harvard University Press, 1997.

Smith, Benedict. *Particularism and the Space of Moral Reasons*. New York: Palgrave Macmillan, 2011.

Stephenson, Neal. 1995. *The Diamond Age: Or, A Young Lady's Illustrated Primer*. New York: Bantam Books.

Sullins, John P. "An Ethical Analysis of the Case for Robotic Weapons Arms Control." Paper presented at the 5th International Conference on Cyber Conflict, Tallinn, Estonia, 2013.

Tronto, Joan. *Moral Boundaries: A Political Argument for an Ethic of Care*. New York: Routledge, 1993.

Turing, Alan M. "Computing Machinery and Intelligence." *Mind* 59 (1950), 433–60.

Turkle, Sherry. *Alone Together: Why We Expect More from Technology and Less from Each Other*. New York: Basic Books, 2011.

Vallor, Shannon. "The Fantasy of Third-Person Science: Phenomenology, Ontology and Evidence." *Phenomenology and the Cognitive Sciences* 8, no. 1 (2009): 1–15.

Vallor, Shannon. "Moral Deskilling and Upskilling in a New Machine Age: Reflections on the Ambiguous Future of Character," *Philosophy and Technology* 28 (2015), 107–24.

Vallor, Shannon. *Technology and the Virtues: A Philosophical Guide to a Future Worth Wanting*. New York: Oxford University Press, 2016.

Vallor, Shannon. "The Thoughts the Civilized Keep." *Noema*. February 2, 2021. https://www.noemamag.com/the-thoughts-the-civilized-keep

Vallor, Shannon. "We Used to Get Excited about Technology: What Happened?" *MIT Tech Review*. October 21, 2022. https://www.technologyreview.com/2022/10/21/1061260/innovation-technology-what-happened

Vallor, Shannon and Bhargavi Ganesh. "Artificial Intelligence and the Imperative of Responsibility: Reconceiving AI Governance as Social Care." In *The Routledge Handbook of Philosophy of Responsibility*, edited by Maximilian Kiener, 395–406. New York: Routledge, 2023.

Verbeek, Peter-Paul. *Moralizing Technology: Understanding and Designing the Morality of Things*. Chicago: University of Chicago Press, 2011.

Verbeek, Peter-Paul. *What Things Do: Philosophical Reflections on Technology, Agency and Design*. University Park: Pennsylvania State University Press, 2005.

Vinsel, Lee, and Andrew L. Russell. *The Innovation Delusion: How Our Obsession with the New Has Disrupted the Work That Matters Most*. New York: Currency, 2020.

Wallach, Wendell, and Colin Allen. *Moral Machines: Teaching Robots Right from Wrong*. New York: Oxford University Press, 2009.

Wallach, Wendell, and Shannon Vallor. "Moral Machines: From Value Alignment to Embodied Virtue." In *Ethics of Artificial Intelligence*, edited by Matthew Liao, 383–412. New York: Oxford University Press, 2020.

Wang, Boshi, Xiang Yue and Huan Sun. "Can ChatGPT Defend its Belief in Truth? Evaluating LLM Reasoning via Debate." *Findings of the Association for Computational Linguistics: EMNLP 2023*, 11865–11881, Dec 6–10, 2023. Association for Computational Linguistics. https://aclanthology.org/2023.findings-emnlp.795.pdf

Weizenbaum, Joseph. *Computer Power and Human Reason*. New York: W.H. Freeman, 1976.

Wells, Martha. *The Complete Murderbot Diaries*. New York: Tor.com, 2018.

Whitehead, Alfred North. *Introduction to Mathematics*. New York: Henry Holt, 1911.

Wiener, Norbert. *Cybernetics, or Control and Communication in the Animal and the Machine*. 2nd ed. Cambridge, MA: MIT Press, 2013.

Winner, Langdon. *Autonomous Technology*. Cambridge, MA: MIT Press, 1977.

Winner, Langdon. *The Whale and the Reactor: A Search for Limits in an Age of High Technology*. 2nd ed. Chicago: University of Chicago Press, 2020.